STM32F4xx嵌入式系统及通信接口开发案例

赵柏山　吕瑞宏　著

WUHAN UNIVERSITY PRESS
武汉大学出版社

图书在版编目（CIP）数据

STM32F4xx 嵌入式系统及通信接口开发案例/赵柏山,吕瑞宏著.—武汉:武汉大学出版社,2022.10
ISBN 978-7-307-23234-1

Ⅰ.S⋯　Ⅱ.①赵⋯　②吕⋯　Ⅲ.微控制器　Ⅳ.TP368.1

中国版本图书馆 CIP 数据核字(2022)第 137933 号

责任编辑:林　莉　　责任校对:李孟潇　　版式设计:马　佳

出版发行:**武汉大学出版社**　　(430072　武昌　珞珈山)
（电子邮箱:cbs22@ whu.edu.cn　网址:www.wdp.com.cn）
印刷:武汉邮科印务有限公司
开本:787×1092　1/16　印张:14.25　字数:318 千字　插页:1
版次:2022 年 10 月第 1 版　　2022 年 10 月第 1 次印刷
ISBN 978-7-307-23234-1　　定价:58.00 元

序

近年来随着物联网和人工智能技术的不断发展，32 位嵌入式微处理器在智能制造、智慧农业、智能家居、智能交通和车联网、智慧医疗和健康养老等领域得到了广泛的应用。作者本人从事嵌入式系统开发十余年，基于意法半导体（ST）的 STM32 系列芯片完成了数十种智能设备的设计开发工作，深知嵌入式系统开发工作对于满足当前社会需求的意义，因此撰写本书。

本书主要内容基于 ARM-CortexM4 内核的 STM32F4 系列芯片，系统地讲述了 STM32F4 系列处理器的原理、使用方法、应用场景。本书总共分为两个部分：基础部分主要介绍基于 CortexM4 内核的 STM32F4 芯片结构及项目工程的体系结构；案例部分通过 STM32F4 接口应用案例，采用了案例式和任务式驱动的开发方法，重点内容集中在当前流行的通信组网技术可直接应用 ST32F4 芯片进行接入的应用场景，包括 RS485 总线接入、CAN 总线接入、SPI 总线接入、以太网接入等案例，使大家掌握嵌入式系统通信接口开发应用的方法步骤等。案例中从总体方案、硬件系统设计、软件系统设计等方面，全面系统地给出了嵌入式系统芯片在通信接口应用开发中的过程。

本书的读者为以下对象群体：了解嵌入式系统基本概念的本科生、研究生；希望了解基于 CortexM4 内核的 STM32F4 系列处理器进行嵌入式系统设计的学习者；希望掌握嵌入式工程设计思想并进一步提高系统设计能力的学习者；希望学习嵌入式系统仿真设计的学习者；在嵌入式领域希望学习典型硬件模块设计和软件编程的学习者；其他对嵌入式系统设计感兴趣的学习者。

本书由赵柏山、吕瑞宏编著。在本书的编写过程中，赵达、位笑星、张冰冰在书稿整理方面付出了艰苦的努力，刘振宇在本书出版过程中做出了重要工作，在此向以上同仁表示由衷的感谢！同时也要感谢在嵌入式系统教学、技术开发过程中给我提供帮助的同事和朋友。

由于作者经验有限，加之时间仓促，书中不可避免会有不足之处，请广大读者不吝批评指正。所有关于本书的意见，请发送电子邮件到 zhaobaishan@ sut. edu. cn 信箱。

编　者

2022 年 3 月

目 录

第1章 嵌入式系统与 Cortex-M4 内核结构 ……………………………………………… 1
  1.1 Cortex-M4 简介 …………………………………………………………………… 1
  1.2 指令集 ………………………………………………………………………………… 4
  1.3 流水线 ………………………………………………………………………………… 32
  1.4 寄存器组 ……………………………………………………………………………… 35
  1.5 操作模式和特权等级 ………………………………………………………………… 42
  1.6 异常、中断和向量表 ………………………………………………………………… 43
  1.7 存储器映射 …………………………………………………………………………… 49
  1.8 调试支持(DBG) …………………………………………………………………… 50

第2章 STM32F4 系列处理器概述 ……………………………………………………… 55
  2.1 基于 Cortex-M4 内核的 STM32F4 微控制器简介 ……………………………… 55
  2.2 STM32F4 微控制器的系统结构 …………………………………………………… 57
  2.3 STM32F4 微控制器的存储器结构与映射 ………………………………………… 59
  2.4 STM32F4 微控制器的嵌入式闪存 ………………………………………………… 63
  2.5 STM32F4 微控制器的启动配置 …………………………………………………… 64
  2.6 STM32F4 微控制器的电源控制 …………………………………………………… 66
  2.7 STM32F4 微控制器的复位 ………………………………………………………… 85
  2.8 STM32F4 微控制器的调试端口 …………………………………………………… 86

第3章 MDK-ARM5 开发平台及项目工程体系分析 ………………………………… 92
  3.1 MDK-ARM 简介 …………………………………………………………………… 92
  3.2 CMSIS 标准简介 …………………………………………………………………… 93
  3.3 STM32 标准外设库 ………………………………………………………………… 94
  3.4 项目工程体系结构 …………………………………………………………………… 98

第4章 通用 IO 应用开发 ……………………………………………………………… 108
  4.1 串口通信协议简介 …………………………………………………………………… 108
  4.2 USART 外设应用开发 ……………………………………………………………… 120

4.3　通用定时器应用开发 ……………………………………………………… 141

第5章　RS485 通信开发案例 ………………………………………………… 144

5.1　RS485 硬件系统设计 ……………………………………………………… 144

5.2　RS485 嵌入式软件系统设计 ……………………………………………… 146

5.3　RS485 通信系统程序 ……………………………………………………… 147

第6章　CAN 总线通信开发案例 …………………………………………… 152

6.1　CAN 总线通信硬件系统设计 ……………………………………………… 153

6.2　CAN 总线通信嵌入式软件系统设计 ……………………………………… 164

6.3　CAN 总线通信系统程序 …………………………………………………… 168

第7章　Spi 总线通信开发案例 …………………………………………… 173

7.1　Spi 总线通信硬件系统设计 ……………………………………………… 173

7.2　Spi 总线通信嵌入式软件系统设计 ……………………………………… 181

7.3　Spi 总线通信系统程序 …………………………………………………… 184

第8章　以太网接口通信开发案例 ………………………………………… 196

8.1　以太网接口通信硬件系统设计 …………………………………………… 196

8.2　以太网接口通信嵌入式软件系统设计 …………………………………… 207

8.3　以太网接口通信系统程序 ………………………………………………… 212

参考文献 ……………………………………………………………………… 223

第1章 嵌入式系统与 Cortex-M4 内核结构

1.1 Cortex-M4 简介

ARM Cortex™-M4 处理器是由 ARM 专门开发的最新嵌入式处理器,在 M3 的基础上强化了运算能力,新加了浮点、DSP、并行计算等,用以满足需要有效且易于使用的控制和信号处理功能混合的数字信号控制市场。其高效的信号处理功能与 Cortex-M 处理器系列的低功耗、低成本和易于使用的优点的组合,旨在满足专门面向电动机控制、汽车、电源管理、嵌入式音频和工业自动化市场的新兴类别的灵活解决方案。如图 1-1 所示。

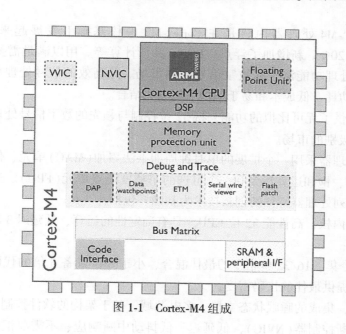

图 1-1 Cortex-M4 组成

1. 信号控制

Cortex-M4 提供了无可比拟的功能,以将 32 位控制与领先的数字信号处理技术集成来满足需要很高能效级别的市场。Cortex-M4 处理器采用一个扩展的单时钟周期乘法累加(MAC)单元、优化的单指令多数据(SIMD)指令、饱和运算指令和一个可选的单精度浮点

1

单元(FPU)。这些功能以表现 ARM Cortex-M 系列处理器特征的创新技术为基础。包括：

1)RISC 处理器内核：高性能 32 位 CPU、具有确定性的运算、低延迟 3 阶段管道，可达 1.25DMIPS/MHz;

2)Thumb-2 ®指令集：16/32 位指令的最佳混合、小于 8 位设备 3 倍的代码大小、对性能没有负面影响。提供最佳的代码密度;

3)低功耗模式：集成的睡眠状态支持、多电源域、基于架构的软件控制;

4)嵌套矢量中断控制器(NVIC)：低延迟、低抖动中断响应、不需要汇编编程、以纯 C 语言编写的中断服务例程。能完成出色的中断处理;

5)工具和 RTOS 支持：广泛的第三方工具支持、Cortex 微控制器软件接口标准(CMSIS)、最大限度地增加软件成果重用;

6)CoreSight 调试和跟踪：JTAG 或 2 针串行线调试(SWD)连接、支持多处理器、支持实时跟踪。此外，该处理器还提供了一个可选的内存保护单元(MPU)，提供低成本的调试/追踪功能和集成的休眠状态，以增加灵活性。嵌入式开发者将得以快速设计并推出令人瞩目的终端产品，具备最多的功能以及最低的功耗和尺寸。

2. 特性

ARM Cortex™-M4 处理器内核是在 Cortex-M3 内核基础上发展起来的，其性能比 Cortex-M3 提高了 20%。新增加了浮点、DSP、并行计算等。用以满足需要有效且易于使用的控制和信号处理功能混合的数字信号控制市场。其高效的信号处理功能与 Cortex-M 处理器系列的低功耗、低成本和易于使用的优点相结合。

Cortex-M4 提供了无可比拟的功能，将 32 位控制与领先的数字信号处理技术集成来满足需要很高能效级别的市场。

Cortex-M4 处理器采用一个扩展的单时钟周期乘法累加(MAC)单元、优化的单指令多数据(SIMD)指令、饱和运算指令和一个可选的单精度浮点单元(FPU)。这些功能以表现 ARM Cortex-M 系列处理器特征的创新技术为基础。包括：

RISC 处理器内核，高性能 32 位 CPU、具有确定性的运算、低延迟 3 阶段管道，可达 1.25DMIPS/MHz;

Thumb-2 指令集，16/32 位指令的最佳混合、小于 8 位设备 3 倍的代码大小、对性能没有负面影响，提供最佳的代码密度;

低功耗模式，集成的睡眠状态支持、多电源域、基于架构的软件控制;

嵌套矢量中断控制器(NVIC)，低延迟、低抖动中断响应、不需要汇编编程、以纯 C 语言编写的中断服务例程，能完成出色的中断处理;

工具和 RTOS 支持，广泛的第三方工具支持、Cortex 微控制器软件接口标准(CMSIS)、最大限度地增加软件成果重用;

CoreSight 调试和跟踪，JTAG 或 2 针串行线调试(SWD)连接、支持多处理器、支持实时跟踪。

此外，该处理器还提供了一个可选的内存保护单元(MPU)，提供低成本的调试/追踪功能和集成的休眠状态，以增加灵活性。嵌入式开发者将得以快速设计并推出令人瞩目的终端产品，具备最多的功能以及最低的功耗和尺寸。

3. 处理技术

Cortex-M4 处理器已设计为具有适用于数字信号控制市场的多种高效信号处理功能。Cortex-M4 处理器采用扩展的单周期乘法累加(MAC)指令、优化的 SIMD 运算、饱和运算指令和一个可选的单精度浮点单元(FPU)。这些功能以表现 ARM Cortex-M 系列处理器特征的创新技术为基础。如表 1-1 所示。

表 1-1   **Cortex-M4 处理器功能表现**

硬件体系结构	单周期 16/32 位 MAC
用于指令提取的 32 位 AHB-Lite 接口 用于数据和调试访问的 32 位 AHB-Lite 接口	大范围的 MAC 指令 32 或 64 位累加选择 指令在单个周期中执行
单周期 SIMD 运算	单周期双 16 位 MAC
4 路并行 8 位加法或减法 2 路并行 16 位加法或减法 指令在单个周期中执行	2 路并行 16 位 MAC 运算 32 或 64 位累加选择 指令在单个周期中执行
浮点单元	其他
符合 IEEE 754 标准 单精度浮点单元 用于获得更高精度的融合 MAC	饱和数学 桶形移位器

4. 主要功能

如表 1-2 所示。

表 1-2   **Cortex-M4 功能**

体系结构	ARMv7E-M(Harvard)
ISA 支持	Thumb®/Thumb-2
DSP 扩展	单周期 16、32 位 MAC 单周期双 16 位 MAC 8、16 位 SIMD 运算 硬件除法(2~12 个周期)

浮点单元	单精度浮点单元 符合 IEEE 754
管道	3 阶段+分支预测
Dhrystone	1. 25 DMIPS/MHz
内存保护	带有子区域和后台区域的可选 8 区域 MPU
中断	不可屏蔽的中断(NMI)+1 到 240 个物理中断
中断延迟	12 个周期
中断间延迟	6 个周期
中断优先级	8 到 256 个优先级
唤醒中断控制器	最多 240 个唤醒中断
睡眠模式	集成的 WFI 和 WFE 指令和"退出时睡眠"功能。 睡眠和深度睡眠信号。 随 ARM 电源管理工具包提供的可选保留模式
位操作	集成的指令和位段
调试	可选 JTAG 和串行线调试端口。最多 8 个断点和 4 个检测点。
跟踪	可选指令跟踪(ETM)、数据跟踪(DWT)和测量跟踪(ITM)

1.2　指令集

　　CPU 识别并执行的指令是由 0、1 二进制数组成的一串二进制码。可以让计算机执行某种操作的命令,称为机器指令。计算机的指令系统是指该计算机的 CPU 所能识别和执行的全部指令的集合。ARM 微处理器的低功耗、高性能特性主要归功于其高效的指令集架构 ISA。本章重点讲述 ARMv7 架构的指令系统,包括 ARM 指令的指令格式、条件码、ARM 指令的寻址方式和 ARMv7 架构下的 Thumb-2 指令集。

1. 指令系统简介

　　ARM 的体系架构从低到高经历了多个版本,不同体系架构下的指令系统功能不断扩展。从版本 1 发展到版本 8 架构的指令系统(指令集),包括各类指令集的变种,其功能不断得到增强和扩展。一方面提高了微处理器的性能,另一方面降低了系统的功耗。例如 ARM7TDMI 系列的微处理器采用 ARMv4T1 体系架构。这里 v4 指 ARM 指令集版本 4,T1 指支持 Thumb 指令集版本 1,以下简称 Thumb-1。ARM9TDMI 采用 ARMv4 架构的变体,ARM11 采用 ARMv6 架构。

　　从 2011 年开始,ARM-Cortex 系列被设计成使用 ARMv7 以上的架构,而 ARMv8 架构首次支持 64 位指令集（A64）并且兼容 ARMv7 的微处理器架构，v8 架构只有 ProfleA 配置。2013 年 ARMv8 架构首先应用于苹果 A7 处理器。ARM 架构的演进发展如图 1-2 所示。

对于 ARMv5 版本以前的微处理器内核，支持指令长度为 32 位的 ARM 指令集和 16 位的 Thumb-1 指令集。这两种指令集在同一个程序中可以兼容，但必须在不同的程序段中，即 ARM 程序段只能使用 ARM 指令，而 Thumb 程序段只能使用 Thumb 指令。32 位代码的 ARM 指令状态和 16 位的 Thumb-1 指令状态可以相互切换，不影响处理器的工作模式和相应寄存器中的内容。ARM 指令集有良好的执行效率，支持 ARM 微处理器的所有功能；而 Thumb-1 指令集是 ARM 指令集的子集，汇编成 16 位代码后可以大大节约存储空间，具有良好的代码密度。

所有的 Gortex-A 系列，Cortex-R 系列和 ARM11 系列既支持 ARM 指令集状态，又支持 Thumb 指令集状态，而在 ARM Cortex-M 的微处理器内核（ARMv6-M、ARMv7-M 等架构，中，不再支持 ARM 指令集，仅支持 Thumb-1 和 Thumb-2 指令集。Thumb-2 指令集是一种兼容 16 位和 32 位指令的改进 Thumb 指令集，因此无需在 16 位的 Thumb 状态和 32 位的 ARM 状态间来回切换。

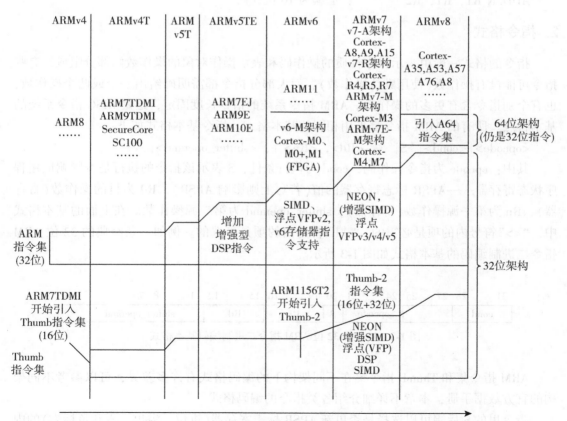

图 1-2　ARM 架构的演进图

由于不同指令集的语法不同，ARM 开发工具中新支持的统一汇编语言 UAL(unified assembly language)统一了 ARM 指令集和 Thumb 指令集的语法，16 位汇编指令和 32 位汇编指令可以无缝出现在代码里，Thumb 和 ARM 指令本质上一样，只是编码成不一样的格式。注意，在所使用的汇编工具中一般要选择汇编器的语法。

在书写 Thumb-2 指令时不需要分析这条指令是 32 位还是 16 位指令，汇编器会按照最简原则自动完成汇编，但在统一汇编语言 UAL 中可以利用后缀".N"和".W"来指定指令长度。

例如：

ADD R1，R2   ;自动汇编成 16 位代码

ADD R1，R2，#0x8000   ;有大于 8 位数范围立即数的指令汇编成 32 位代码

ADD R1，R1，R2   ;自动汇编成 16 位代码

如果有特殊指定可以在指令后加后缀，"W"后缀指定 32 位代码格式，"N"后缀指定 16 位代码格式，但是".N"后缀不能把原是 32 位的代码变成 16 位的代码。例如：

ADD. W R1，R2   ;原来是 16 位代码，指定汇编为 32 位代码

ADD. N R1，R1，R2   ;汇编为 16 位代码

2. 指令格式

指令的格式一般由表示操作性质的操作码和表示操作对象的操作数两部分组成，有些指令可能没有操作数(使用默认操作数)，而大部分指令都需明确给出一个或两个操作数，也有个别指令含有更多的操作数。ARM 指令系统的指令长度固定，这是 RISC 指令系统的基本特点。所有的 ARM 指令都采用相同的基本格式，指令基本格式如下：

<opcode>{<cond>}{S}   <Rd>，<Rn>{，<shifter_operand>}

其中：opcode 为指令操作码，cond 为执行条件，S 表示该指令的执行是否影响应用程序状态寄存器——APSR 标志寄存器的值(若写上则影响 APSR)，Rd 为目的操作数(寄存器)，Rn 为第一源操作数(寄存器)，shifter_operand 为第二源操作数。在上面的基本格式中，"<>"符号内的项是必需的，"{}"符号内的项是可选的。例如一条经典的 32 位 ARM 指令二进制编码的基本格式如图 1-3 所示。

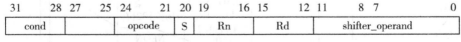

31 28	27 25	24 21	20	19 16	15 12	11 8 7 0
cond		opcode	S	Rn	Rd	shifter_operand

图 1-3 经典的 32 位 ARM 指令二进制编码基本格式

ARM 指令集和 Thumb 指令集在不同架构下的编码格式有许多差异，可以参考不同架构的官方数据手册，本章不详细介绍各类指令的编码格式。

指令里的 S 后缀可以选择是否更新 APSR 标志寄存器(进位、溢出、零和负标志)的内容，例如：

MOVS　R1，R2；　　R2 传送到 R1，且更新 APSR

MOV　　R1，R2；　　R2 传送到 R1，且不更新 APSR

　　每一条 ARM 指令都包含 4 位的条件码(cond)，位于指令的最高 4 位，条件码共有 16 种，见表 1-3。每种条件码用两个字符表示，只有在 APSR 中条件码对应的标志满足指定条件时，带条件码的指令才被执行，否则指令被忽略。带有条件码的指令可以执行高效的逻辑操作，提高代码效率。例如 ARM 指令"ADDEQ R0，R1，R2"在执行时首先检查 APSR 中的 Z 标志位，只有在 Z=1 时才执行指定的加法运算。这两个字符可以添加在指令助记符后，与指令同时使用，例如跳转指令 B 可以加上后缀 EQ 成为指令 BEQ，表示在 CPSR 中的 Z 标志置位时(Z=1)才跳转，即"相等则跳转"。

表 1-3　　　　　　　　　　　　　　　　　ARM 指令的条件码

条件码 (4bit)	助记符后缀 (cond)	标志位状态	含义(英文全称)
0000	EQ	Z 位置(Z=1)	相等(EQucal equcals zero)
0001	NE	Z 清零(Z=0)	不相等(Not equal)
0010	CS/HS	C 位置(C=1)	无符号数大于或等于(Carry Set/Unsigned Higher or Same)
0011	CC/LO	C 清零(C=0)	无符号数小于(Carry Clear/unsigned Lower)
0100	MI	N 位置(N=1)	负数(MImus/negtive)
0101	PL	N 清零(N=0)	正数(Plus/positive or zero)
0110	VS	V 位置(V=1)	溢出(Overflow Set)
0111	VC	V 清零(V=0)	没有溢出(No Overflow/Overflow Clear)
1000	HI	C 置位，Z 清零(C=1，Z=0)	无符号数大于(unsigned higher)
1001	LS	C 清零，Z 置位(C=0，Z=1)	无符号数小于或等于(unsigned lower or same)
1010	GE	N 等于 V(N==V)	有符号数大于或等于(signed greater than or equal)
1011	LT	N 不等于 V(N!=V)	有符号数小于(signed less than)
1100	GT	Z 清零且 N 等于 V (Z=0，N==V)	有符号数大于(signed greater than)
1101	LE	Z 置位且 N 不等于 V (Z=1，N!=V)	有符号数小于或等于(signed less than or equal)
1110	AL	任何(忽略 APSR 的所有位)	无条件执行(指令默认)(Always[default])
1111	NV	无	从不(不使用)

　　因此，ARM 指令系统中没有专门的条件转移指令，转移指令加上条件域就是条件转

移指令。例如：

ADDEQ　R1, R2, R3　；ADD 加法运算指令+EQ 后缀
　　　　　　　　　　；若之前的操作是相等状态(即 Z=1)，则执行该 ADD 指令
BGE　L1　；B 跳转指令+GE 后缀
　　　　　；若之前的比较结果是有符号数大于或等于(即 N==V)则跳转至 L1

第二源操作数<shifter_operand>有三类，共 11 种选择形式，三类方式分别是立即数方式、寄存器方式和寄存器移位方式。

(1)立即数方式(#immed)

第二源操作数 shifter operand 是一个无符号的 32 位数值常量#immed，但并不是任意的 32 位数都是合法的立即数。对于 32 位 ARM 指令，留给第二操作数立即数的位数只有 12 位。为了利用这 12 位来表示一个 32 位的立即数，该立即数的空间分成两段：一段为 8 位立即数(immed_8)，另一段 4 位为循环移位的位数(rotate_imm)。该 32 位立即数按如下方式求得：

32 位立即数=immed_8 循环右移(2xrotate_imm)位

即一个 8 位的无符号数值常量，高位用 0 补全到 32 位后，循环右移 2xrotate imm 偶数次后的一个 32 位值。rotate_imm 只有 4 位，范围是 0~15，所以移位次数是 0~30 之间，步长为 2 的偶数移位值。出现在指令中的立即数如果能通过上述计算得到，就是可以使用的立即数；反之，就不是合法的立即数。

在不同架构的 ARM 中立即数的具体规定会有所不同，尤其是 Thumb 指令集发展到 Thumb-2 阶段可以支持 immed 8、immed 12 和 immed 16 等不同格式的立即数，这里仅介绍 Thumb2 指令集下 immed_12 格式的立即数。图 1-4 为 ARMv7-M 架构中 Thumb-2 指令集关于第二操作数为 immed 12 格式立即数的指令编码格式。

对于一个指定的立即数，其生成方式是按照表 1-4 中规定的编码方式，其中 a、b、c、……、h 是 8 位立即数的具体位(immed_8)，而 i、3 位 imm3 和 a 组成了循环右移的位数，移位位数的范围是 8~31。

31　28 27　25 24　21 20 19　16 15 14 13 12 11　8 7 6 5 4 3 2 1 0

			i						imm3	Rd	a	b	c	d	e	f	g	h

图 1-4　第二操作数为 immed_12 格式立即数的指令编码格式(Thumb-2 指令集)

表 1-4　**Thumb-2 指令集中 immed_2 格式立即数的编码表**

循环码 i：imm3：a	生成的立即数 (二进制格式，a~h 为任一二进制数)	说明
0000x	00000000 00000000 00000000 abcdefgh	无移位

续表

循环码 i：imm3：a	生成的立即数 （二进制格式，a~h 为任一二进制数）	说明
0001x	00000000 abcdefgh 00000000 abcdefgh	
0010x	abcdefgh 00000000 abcdefgh 00000000	
0011x	abcdefgh abcdefgh abcdefgh abcdefgh	
01000	1bcdefgh 00000000 00000000 00000000	向右移 8 位
01001	01bcdefg h0000000 00000000 00000000	向右移 9 位
01010	001bcdef gh000000 00000000 00000000	向右移 10 位
01011	0001bcde fgh00000 00000000 00000000	向右移 11 位
（n）	8 位二进制常数继续向右移位	向右移 n 位
11101	00000000 00000000 000001bc defgh000	向右移 29 位
11110	00000000 00000000 0000001b cdefgh00	向右移 30 位
11111	00000000 00000000 00000001 bcdefgh0	向右移 31 位

immed 8 格式是一个 8 位范围的立即数格式，按照表 1-4. immed 12 格式立即数是由一个 8 位立即数按照循环码移位获得的数值，immed 16 是一个 16 位范围的立即数格式。对于无法通过上述方法获得的立即数就是非法的立即数。例如：0xFF. 0x101. 0x104、0xFFFF. 0x10001. 0x20002. 0x1F001F 和 0x32003200 都是合法的立即数 .0x10002、0x2E001E 和 0xF000000F 就是不合法的立即数。如果需要对寄存器传送一个不合法的立即数，可以采用伪指令的方法把该立即数定义在存储区，然后通过 LOAD 操作指令传送到寄存器。例如，

```
LDR R0, =data1      ；R0 保存 data1 的首地址
LDR R1, [R0]        ；寄存器间接寻址方式，R1 = 0x11223344
LDR R2, [R0, #4]    ；寄存器间接子址方式，R2 = 0xFFDDCCBB
......
data1 DCD 0x11223344, 0xFFDDCCBB   ；定义数据的伪指令
```

（2）寄存器方式（Rm）

第二源操作数 shifter_operand 直接用 ARM 寄存器 Rm，例如：

```
ADD R2, R3, R4   ；R2←R3+R4
SUB R1, R3, R2   ；R1←R3-R2
```

（3）寄存器移位方式（Shift_operand）

当第一个源操作数是寄存器 Rm 时，第二个源操作数可以指定第一源操作数的移位方式和移位的位数，移位的位数可以是立即数#shift imm 或者寄存器 Rs 的数值。将第一源操作数寄存器中的内容按指定位数移位后，才是真正的操作数。例如：

MOV R0，R2，LSL #3；R2 逻辑左移 3 位(相当于乘 8)后，赋值给 R0 寄存器

具体的移位类型有以下 9 种：

(1)<Rm>，ASR#<shift_imm>/<Rs>

操作：按照立即数 sh 追 imm 或 Rs(通用寄存器，不能是 R15)内容指定的次数，对寄存器 Rm 中的值向右移动，左端用 Rm 第 31 位的值来填充。算术右移一位相当于有符号数除以 2。

(2)<Rm>，LSL#<shin_imm>/<Rs>

操作：按照立即数 shift_imm 或 Rs(通用寄存器，不能是 R15)内容指定的次数，对寄存器 Rm 中的值向左移动，最低位用 0 填充。逻辑左移，位相当于无符号数乘以 2。

(3)<Rm>，LSR#<shift_imm>/kRs>

操作：按照立即数 shift_imm 或 Rs(通用寄存器，不能是 R15)内容指定的次数，对寄存器 Rm 中的值向右移动，最高位用 0 填充。逻辑右移一位相当于无符号数除以 2。

(4)<Rm>，ROR#<shiat_imm>/<Rs>

操作：按照立即数 shift_imm 或 Rs(通用寄存器，不能是 R15)内容指定的次数，对寄存器 Rm 中的值向右循环移动，左端用右端移出的位填充。

(5)<Rm>，RRX

操作：对寄存器 Rm 中的值进行带扩展的循环右移操作，执行该指令时数据循环右移 1 位。与 ROR 指令不同的是，要在循环数据的最高位与最低位之间添加 CPSR 中的进位标志位 C，每右移一位，C 标志位移入 Rm 最高位，Rm 的最低位移入 C 标志位。

以上 9 种类型的立即数 shift_imm 由于只有 5 位，所以取值范围为 0～31。

指令可以直接指明操作数本身，也可以只给出操作数的地址信息(即从何处可以取得该操作数)。ARM 采用 RISC 架构，ALU 与外部存储器之间不能直接传递数据，ARM 指令系统只有寄存器操作数可以进行算术/逻辑运算。对于存储器操作数只有 STORE(存储)/LOAD(装载)两种操作，必须将存储器操作数取到寄存器中进行计算，计算以后再存回存储器。这样可以减少指令的种类，这也是 RISC 指令集的特点。

3. 指令寻址方式

寻址方式是指寻找指令操作数(地址)的方式。ARM 指令系统支持的常见寻址方式有 7 种：立即寻址、寄存器直接寻址、寄存器移位寻址、寄存器间接寻址、基址变址寻址、多寄存器直接寻址以及堆栈寻址。

由于不能直接访问外部存储器，ARM 指令系统的数据处理类指令和比较指令在处理器内传送数据，所以基本上只使用立即寻址、寄存器直接寻址和寄存器移位寻址这 3 种方式，而寄存器间接寻址、基址寻址、多寄存器直接寻址方式多用于访问存储器操作数的 STR 和 LDR 指令，执行堆栈操作时则会使用堆栈寻址方式。

(1)立即寻址

这种寻址方式的操作数直接放在指令中，与操作码起放在代码段区域中。例如：

MOV R0，#0 ；R0→0

　　　　　　 ；32 位指令，immed_12 格式立即数 0 传送到寄存器 R0 中

MOVS R0，0x08；R0→0x08

　　　　　　 ；16 位指令，immed_8 格式立即数 0x08 传送到寄存器 R0 中

MOVS R0，#0x104：R0→0x104

　　　　　　 ；32 位指令，immed_12 格式立即数 0x104 传送到寄存器 R0 中

ADD R1，R0，#1；R1→R0+1

　　　　　　 ；寄存器 R0 的内容加 1，结果传送到 R1 中

　　指令中的立即数要以"#"为前缀。若以十六进制表示，要求在"#"后加上"0x"或"&"；若以二进制表示，要求在"#"后加上"0h"；若以十进制表示，要求在"#"后加上"0d'或者缺省。

　　以 Thumb-2 指令集为例，一般情况下立即数在 MOV 指令中会被汇编为采用 immed_12 格式立即数的 32 位指令，在 MOVW 指令中被汇编为采用 immed_16 格式立即数的 32 位指令，而只有少数 immed 8 格式的 MOVS 指令会被汇编为 16 位指令，详细规定请参看 Cortex-M4 手册。例如立即数 0x104 超过了 8 位的范围，所以在 MOVS 指令中只能采用 immed_12 格式，而且立即数 0x104 是可以将低 8 位立即数(0x82)向右循环移动 31 位(0b1111)得到的立即数值。

　　指令 MOVS R0.#0x104 的十六进制编码为：0xF45F7082，按照图 1-4 的指令编码格式和表 1-4 的立即数编码表，可以得到编码格式里各占位字母的值如下，

　　i = 1　　　　imm3 = 111　　　abcdefgh = 10000010

该指令的寻址方式示意图如图 1-5 所示。

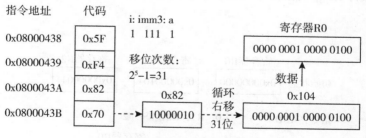

图 1-5　立即寻址方式示意图

（2）寄存器直接寻址

　　这种寻址方式指操作数的值位于 CPU 的内部寄存器中，是各类处理器中通常采用的一种执行效率较高的寻址方式。例如：

MOV R1，R2　　　　　；R1←R2，寄存器 R2 的内容传送到寄存器 R1

ADD R0，R1，R2　；R0←R1+R2

　　　　　　　　　　　；寄存器 R1 和 R2 的内容相加，结果传送到 R0

该指令的寻址方式示意图如图 1-6 所示。

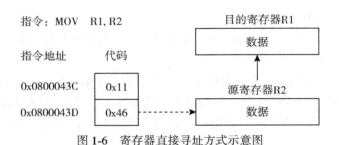

图 1-6　寄存器直接寻址方式示意图

（3）寄存器移位寻址

这是 ARM 指令系统特有的不同于 Intel X86 CPU 的寻址方式，寻址的操作数由寄存器中的数值进行相应移位得到，移位的方式以助记符形式给出（例如 ASR、LSL 等）。关于移位操作详见第二源操作数的寄存器移位方式，移位的位数可由立即数或者寄存器直接寻址方式表示。

例如：

ANDR0，R1，R2，LSL#2；R0←R1 &（R2 逻辑左移 2 位）

该指令表示将 R2 中的值逻辑左移 2 位，然后与 R1 中的值相与，结果存入 R0。其寻址方式如图 1-7 所示。例如：

MOV R0，R1，ASR R2；R0←（R1 算术右移 R2 规定的位数）

该指令表示将 R1 中的值算术右移，移位的次数由 R2 中的值决定，移位后的结果存入 R0 中。

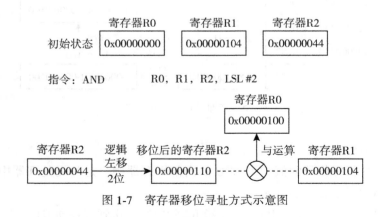

图 1-7　寄存器移位寻址方式示意图

(4) 寄存器间接寻址

如果寄存器中存放的内容为操作数的内存地址，则对应为寄存器间接寻址方式。寄存器是内存操作数的地址指针，寄存器间接寻址的寄存器在指令中需用中括号"[ ]"括起来。例如：

STR R0，［R1］　　　　；R0 中的值传送到以 R1 的值作为地址的存储器中
　　　　　　　　　　　；指令执行完成后 R1 的值不变
LDR R0，［R1］　　　　；R1 中的值作为地址，将内存中该地址单元的数据传送到 R0
　　　　　　　　　　　；指令执行完成后 R1 的值不变

以上指令的寻址示意图如图 1-8 所示。

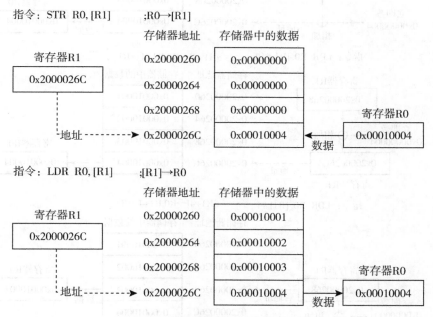

图 1-8　寄存器间接寻址方式示意图

(5) 基址变址寻址

在基址变址寻址中，某个寄存器(一般作为基址寄存器)提供一个基准地址，该基准地址将与指令中给出的称为"地址偏移量"(变址)的数据相加，形成操作数的有效地址。此寻址方式常用于访问基准地址附近的地址单元，如查表、数组操作、功能部件寄存器访问等寄存器间接寻址方式也可以看作是偏移量为 0 的基址变址寻址。该寻址方式有以下几种常见的形式。例如：

1) LDR R0，［R1，#4］　　　；R0←［R1+4］，立即数前索引变址寻址

2) LDR R0，［R1，#4］　　　；R0←［R1+4］．R1←R1+4，立即数前索引变址寻址，带更新

13

3)LDR R0, [R1], #4   ; R0←[R1], R1←R1+4, 立即数后索引变址寻址, 带更新

4)LDR R0, [R1, R2]   ; R0←[R1+R2], 寄存器前索引变址寻址

以上指令的寻址方式示意图如图 1-9 所示。从图中可以看到每条指令是如何将 R1 基

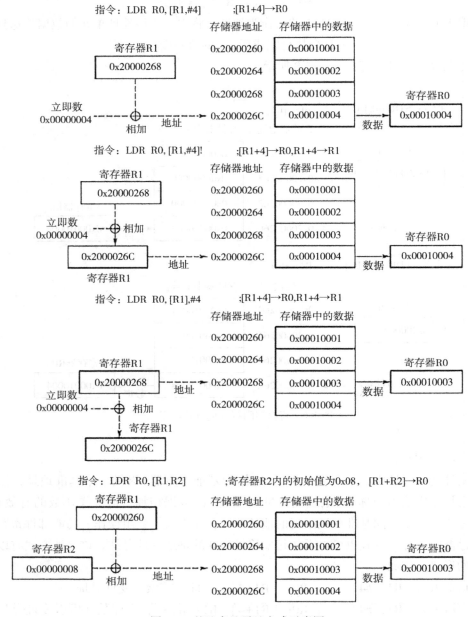

图 1-9 基址变址寻址方式示意图

14

址寄存器的值加上偏移量来形成存储器的寻址地址，要特别注意 R1 寄存器在每条指令执行后的变化。指令（1）指令（2）和指令（4）使用 R1 基址寄存器加上偏移量（立即数或者寄存器）后的值作为存储器的寻址地址，称为前索引变址寻址（pre-indexed addressing）。指令（2）除了将 R1 基址寄存器与偏移量（立即数或者寄存器）的和作为存储器的寻址地址外，还需要写回到 R1 寄存器。而指令（3）在存储器访问期间不会用到偏移量（立即数），直接用 R1 的值读取存储器，之后 R1 寄存器的值再被写回为 R1+偏移量，即执行完该指令后，R1 寄存器中的值为 R1+偏移量，这被称为后索引变址寻址（post-indexed addressing）。

以上指令中的感叹号"！"表示指令执行后是否更新存放地址的寄存器的值（写回）例如：

LDR R0，[R1，#0x5]！　　；R0←[R1+0x5]，R1←R1+0x5，立即数前索引变址寻址
LDR R0，[R1，R2]　　　　；R0←[R1+R2]，寄存器前索引变址寻址，不能有感叹号

基址变址寻址方式还可以结合寄存器移位寻址，所处理的存储器数据的地址为基地址寄存器和变址寄存器的移位值相加得到的结果，进一步提高了地址计算的效率。例如：

LDR R0，[R1，R2，LSL#2]　；R0←[R1+(R2<<2)]寄存器变址寻址

在程序段中的跳转指令也采用了基址变址寻址方式，这时指令采用程序计数器（PC）的值为基地址，指令中的地址标号作为偏移量（变址）两者相加形成的结果作为操作数的有效地址，又称为相对寻址。例如：

BL SUB1　　　；调用 SUB1 子程序，相对寻址，返回地址保存在 LR 寄存器中
BEQ L2　　　　；条件跳转到 L2 标号处，相对寻址
……

L2　……

LDR R0，L2；将标号 L2 所在地址的字数据传送至 R0，相对寻址

SUB1　……

MOV PC，LR：返回主程序，LR 是链接寄存器 R14. PC 是程序计数器 R15

L2 作为程序的标号，必须在当前指令的±4KB 范围内。注意，在使用标号的相对寻地中不能使用后缀"！"（感叹号）

（6）多寄存器直接寻址

ARM 架构中 LDM（加载多个寄存器）和 STM（存储多个寄存器）指令可以读写存储器中的多个连续数据传送到处理器的多个寄存器，这类指令只支持 32 位数据块的存取. 该寻址方式称为多寄存器直接寻址。

多寄存器直接寻址可以实现一条指令完成多个通用寄存器值的传送。该寻址方式可以用一条指令传送最多 16 个通用寄存器的值。连续的寄存器之间用"－"（减号）连接，不连续则用"，"（过号）分隔。例如：

LDMIA R0!，[R1，R3-R5]　；R1←[R0]，R3←[R0+4]，R4←[R0+8]，R5←[R0+12]

该指令以 R0 寄存器的值作为存储器的寻址牌址，以该地址开始的 32 位存储器单元

的值首先赋给 R1 寄存器，之后连续单元的内容分别按顺序传送到 R3、R4、R5 寄存器中。这是因为 ARM 在进行存储器和多个寄存器间的数据传送时，低编号寄存器对应内存中的低地址单元，高编号寄存器对应内存中的高地址单元，无论寄存器在寄存器列表中如何排列，都遵循该原则。

注意：上例中的 LDM 指令后的 IA 是基址寄存器 R0 的值随着数据传送发生变化的方式之一。LDM 和 STM 指令可选的方式如下，

IA：每次读写后地址加 4DB；每次读写前地址减 4

上例中 LDMIA 指令的操作示意图如图 1-10 所示，由于 R0 后带有感叹号"!"，则指令操作完成后 R0 寄存器的值+16 后的地址要写回到 R0 中，如果不带有感叹号"!"则不写回。

指令：LDMIA　R0!, {R1, R3–R5}　　;[R0]→R1,[R0+4]→R3, [R0+8]→R4, [R0+12]→R5

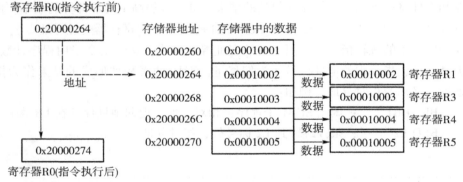

图 1-10　多寄存器直接寻址方式操作示意图

(7)堆栈寻址

堆栈是一种按照先进后出(first in last out，FILO)原则进行存取的存储区。堆栈使用堆栈指针专用寄存器来指示当前堆栈的操作位置，堆栈指针总是指向栈顶，堆栈寻址是隐含的。根据堆栈生成方式不同，可分为如下两种方式：

1)向上生长：堆栈指针由低地址向高地址生成时，又称为递增堆栈(ascending stack)；

2)向下生长：堆栈指针由高地址向低地址生成时，又称为递减堆栈(descending stack)。

当堆栈指针指向最后个压入堆栈的数据时，称为满堆栈(full stack)，而当堆栈指针指向下一个将要放入数据的空位置时，称为空堆栈(empty stack)。这样会有如图 1-11 所示的 4 种类型堆栈工作方式：

1)满递增堆栈(full ascending statck，FA)；

2)满递减堆栈(full descending stack，FD)；

3)空递增堆栈(empty ascending statck，EA)；

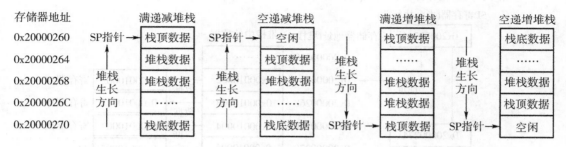

图 1-11 堆栈工作方式示意图

4) 空递减堆栈 (empty descending stack，ED)。

Intel X86 处理器指令系统的堆栈指令支持满递减堆栈的工作方式，而 ARM 微处理器可以支持 4 种类型的堆栈工作方式，只是根据 ARM 架构的不同，支持的堆栈类刑也会有差异。例如 Cortex-A 类型的微处理器支持全部 4 种类型的堆栈模型，可以在指令后面选择以下模式后缀来指定工作方式：

FD：满递减堆栈；

ED：空递减堆栈；

FA：满递增堆栈；

EA：空递增堆线。

Cortex-M 类型的微处理器则只使用"满递减"的堆栈模型，微处理器启动后 SP 被设置为栈存储空间的最后数据的位置，每次 PUSH 指令操作，微处理器首先减小 SP 的值(SP-4)，然后将入栈数据存储在 SP 指向的存储器位置。而每次 POP 指令操作，SP 指向的存储器操作数被读出，然后 SP 的值被增大(SP+4)，释放堆栈空间。无论 PUSH 还是 POP 操作 SP 总是指向上一次数据被存储在堆栈中的位置。这与 Intel X86 微处理器的堆栈操作是一致的。

Cortex-M 微处理器的出栈 POP 指令和入栈 PUSH 指令实现栈存储区的访问，且会修改栈指针 SP(R13 寄存器)。栈指针 SP 的最低两位总是 0，对这两位的写操作也不起作用，说明栈操作的地址必须对齐到 32 位的字边界上(入栈和出栈必须 4 个字节)，上一节介绍的多密存器直接寻址方式的 LDMIA 和 STMDB 指令也可以实现等效的出入栈在取操作。举例如下，操作示意图如图 1-12 所示。

POP {R0，R4-R5，PC}　　　；出栈操作，寄存器列表中不能有 SP 寄存器

　　　　　　　；R0←[SP]，R4←[SP+4]，R5←[SP+8]，PC←[SP+12]，SP←SP+16

LDMIA SP！，{R0，R4-R5，PC}　；同前一 POP 指令等效

PUSH [R0，R4. R5]　　　　　；入栈操作，寄存器列表中不能有 PC 和 SP 寄存器

　　　　　　　；[SP-4]←R5，[SP-8]←R4[SP-12]←R0，SP-SP-12

STMDB SP！，(R0，R4，R5)；同前一 PUSH 指令等效

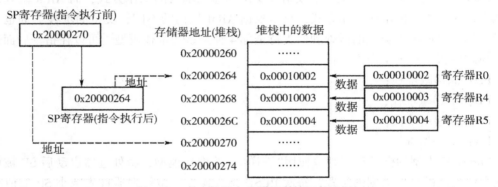

指令：POP {R0,R4-R5, PC}　;[SP]→R0, [SP+4]→R4, [SP+8]→R5, [SP+12]→PC, SP+16→SP

指令：PUSH {R0,R4,R5}　;R5→[SP−4],R4→[SP−8],R0→[SP−12],SP−12→SP

图 1-12　出入栈指令实现栈存储区的访问

注意：在多寄存器直接寻址和堆栈寻址中的寄存器列表书写顺序并不重要，多个寄存器和内存单元的对应关系满足这样的顺序对应规则，即编号低的寄存器对应于内存中的低地址单元，编号高的寄存器对应于内存中的高地址单元。寄存器列表中的寄存器时以是 R0~R12、PC 或者 LR 寄存器中的一个或多个，多个寄存器需要逗号分隔且用大括号包围。

POP 指令和 LDMIA 指令中的寄存器列表中存在 PC 寄存器的时候，不能同时存在 LR 寄存器。而 PUSH 指令和 STMDB 指令的寄存器列表中则不能有 PC 寄存器。

4. 核心指令集

主要关注 Cortex-M4 微处理器的 Thumb-2 指令集，其他版本 ARM 的微处理器指令集会有所不同，请读者在参考本书的汇编程序时，注意查看自己所用的处理器型号。

Thumb-2 核心指令集从功能上可以分为数据传送指令、存储器访问指令、算术运算指令、逻辑运算指令、移位和循环指令、符号扩展指令、字节调序指令、位域处理指令、子程序调用与无条件转移指令、饱和运算指令以及其他指令。

除了指令外，还有少量的伪指令（pseudo-instruction），可以像使用指令一样使用它们，在汇编时汇编器将这些伪指令解释为指令组合。

（1）数据传送指令

Cortex-M4 中的数据传送类型包括：

1）两个寄存器间的数据传送；

2）普通寄存器与特殊功能寄存器间的数据传送；

3）把一个立即数加载到寄存器。

常用的数据传送指令及功能见表1-5。

表 1-5   数据传送指令

指令	功能描述
MOV\<Rd\>，#\<immed_8\>	将8位立即数传送到目标寄存器
MOV\<Rd\>，\<Rn\>	将低寄存器的值传送给低目标寄存器
MOV\<Rd\>，\<Rm\>	将高寄存器或低寄存器的值传送给高目标寄存器或低目标寄存器
MVN\<Rd\>，\<Rm\>	将寄存器的值取反后传送给目标寄存器
MOV{s}\<Rd\>，#\<immed_12\>	将12位立即数传送到寄存器中
MOV{s}\<Rd\>，\<Rm\>，{\<shift\>}	将移位后的寄存器值传送到寄存器中
MOVT\<Rd\>，#immed_16	将16位立即数传送到寄存器的高半字[31：16]中
MOVW\<Rd\>，#immed_16	将16位立即数传送到寄存器的低半字[15：0]中，并将高半字[31：16]清零
MRS\<Rn\>，\<SReg\>	加载特殊功能寄存器的值到 Rn
MSR\<SReg\>，\<Rn\>	存储 Rn 的值到特殊功能寄存器

例如：

```
MOV   R4, R0            ; 将 R0 的值传送到 R4
MOVS  R4, R0            ; 将 R0 的值传送到 R4, 并更新 APSR(标志位)
MRS   R7, PRIMASK       ; 将 PRIMASK(特殊功能寄存器)的值传送到 R7
MSR   CONTROL, R2       ; 将 R2 的值传送到 CONTROL(特殊功能寄存器)
MOV   R3, #0x34         ; 给 R3 赋值 0x34
MOVS  R3, #0x34         ; 给 R3 赋值 0x34, 并更新 APSR(标志位)
MOVW  R6, #0x1234       ; 将 16 位立即数 0x1234 传送到 R6 的低半字[15：0]中
                       ; 将高半字[31：16]清零
MOVT  R6, #0x8765       ; 将 16 位立即数 0x8765 传送到 R6
MVN   R3, R7            ; 将 R7 的值取反后传送给 R3
```

可以利用 MOVW 和 MOVT 指令的配合来完成 32 位立即数的传送：

19

MOVW　R1，#0x1234　　　；R1＝0x1234. 此指令的立即数为 16 位

MOVT　R1，#0x5678　　　；此指令的立即数为 16 位

两条指令执行后，R1＝0x56781234，相当于：

R1＝(R1& 0x0000FFFF) 0x56780000

思考：这里为什么先用 MOVW 指令后用 MOVT 指令？如果颠倒指令顺序，结果会如何？

MRS/MSB 指令用于特权级别条件下访问特殊功能寄存器，其中 . SReg 可以是表 1-6 中的任何一个。

表 1-6　　　　　　　　　　与 MRS/MSR 指令相关的特殊功能寄存器

符号	功　　能
IPSR	当前服务中断寄存器
EPSR	执行状态寄存器(读回来的总是 0)，里面含 T 位，CM4 中 T 位必须是 1
APSR	上条指令结果的标志
IEPSR	IPSR+EPSR
IAPSR	PSR+APSR
EAPSR	EPSR+APSR
PSR	xPSR＝APSR+EPAR+IPSR
MSP	主堆栈指针
PSP	进程堆栈指针
PRIMASK	常规异常屏蔽寄存器
BASEPRI	常规异常的优先级阈值寄存器
BASEPRI_MAX	等同 BASEPRI，但是增加了写的限制：新的优先级比旧的高(更小的数)
FAULTMASK	FAULT 屏蔽寄存器，同时还包含 PRIMASK 的功能，因为 fault 优先级更高
CONTROL	控制寄存器(堆栈选择，特权等级)

(2)存储器访问指令

Cortex-M4 微处理器对存储器的访问只能通过加载(LOAD)和存储(STORE)指令来实现。指令又分为两类：单存器加载和存储指令 LDR/STR，多寄存器加载和存储指令 LDM/STM。

1)单寄存器加载和存储指令 LDR/STR。

LDR 指令是把存储器中的内容加载到寄存器中，STR 指令则是把寄存器内容存储至

存储器中。数据类型可以是字节、半字、字和双字。指令见表1-7。

表1-7　　　　　　　　　　　　　　　单寄存器加载和存储指令

指令	功能描述
LDRB Rd, [Rn, #offset]	从地址 Rn, #offset 读取一个字节到 Rn
LDRH Rd, [Rn, #offset]	从地址 Rn, #offset 读取一个半字到 Rn
LDR Rd, [Rn, #offset]	从地址 Rn, #offset 读取一个字到 Rn
LDRD Rd1, Rd2, [Rn, #offset]	从地址 Rn, #offset 读取一个双字(64 位整数)到 Rd1(低 32 位)和 Rd2(高 32 位)中
STRB Rd, [Rn, #offset]	把 Rd 中的低字节存储到地址 Rn, #offset 中
STRH Rd, [Rn, #offset]	把 Rd 中的低半字存储到地址 Rn, #offset 中
STR Rd, [Rn, #offset]	把 Rd 中的低字存储到地址 Rn, #offset 中
STRD Rd1, Rd2, [Rn, #offset]	把 Rd1(低 32 位)和 Rd2(高 32 位)表达的双字存储到地址 Rn, #offset 中

2)自动索引。

LOAD/STORE 指令具有自动索引(auto-indexing)功能,该功能是为利用 ARM 流水线延迟周期而设计的。当流水线处于延迟周期时,处理器的执行单元被占用,而算术逻辑单元 ALU 和桶形移位器却可能处于空闲状态,则这时可以利用它们来完成往基址寄存器上加一个偏移量的操作,以供后面的指令使用。

自动索引又分为前索引(pre-indexing)和后索引(post-indexing)

3)前索引。

例如:

LDR R0, [R1, #20]!　　　；前索引,有"!"

该指令先把地址 R1+offset 处的值加载到 R0,然后,R1 = R1+20;这里的"!"是指更新基址寄存器 R1 的值。即

步骤 1:R0←[R1+20]

步骤 2:R1 = R1+20

4)后索引。

例如:

STR R0, [R1], #-12　　　；后索引

该指令是把 R0 的值存储到地址 R1 处,然后,R1 = R1+(−12)。注意,[R1]后面是没有"!"的。

带前索引、后索引的 LDR/STR 指令见表1-8。

表 1-8　　　　　　　　　　　　带前索引、后索引的 LDR/STR 指令

指　令	功　能　描　述

LDR Rd, [Rn, #offset]!
LDRB Rd, [Rn, #offset]!
LDRH Rd, [Rn, #offset]!
LDRD Rd1, Rd2, [Ri, #offset]!
	字/字节/半字/双字的带前索引加载(不做带符号扩展，没有用到的高位全清零)

LDRSB Rd, [Rn, #offset]! LDRSH Rd, [Rn, #offset]!	字节/半字的带前索引加载，并且在加载后执行带符号扩展成 32 位整数
STR Rd, [Rn, #offset]! STRB Rd, [Rn, #offset]! STRH Rd, [Rn, #offset]! STRD Rd1, Rd2, [Rn, #offset]!	字/字节/半字/双字的带前索引存储

LDR Rd, [Rn], #offset
LDRB Rd, [Rn], #offset
LDRH Rd, [Rn], #offset
LDRD Rd1, Rd2, [Rn], #offset
	字/字节/半字/双字的带后索引加载(不做带符号扩展，没有用到的高位全清零)

LDRSB Rd, [Rn], #offset LDRSH Rd, [Rn], #offset	字节/半字的带后索引加载，并且在加载后执行带符号扩展成 32 位整数
STR Rd, [Rn], #offset STRB Rd, [Rn], #offset STRH Rd, [Rn], #offset STRD Rd1, Rd2, [Rn], #offset	字/字节/半字/双字的带后索引存储

5）多寄存器加载和存储指令 LDM/STM。

多寄存器加载和存储指令 LDM/STM 可以实现一条指令加载和存储多个寄存器的内容，提高了数据操作效率。指令见表 1-9。

表 1-9　　　　　　　　　　　多寄存器加载和存储指令 LDM/STM

指　令	功　能　描　述
LDMIA Rd!,｛寄存器列表｝	从 Rd 处读取多个字。每读一个字后 Rd 自增一次
STMIA Rd!,｛寄存器列表｝	存储多个字到 Rd 处。每存一个字后 Rd 自增一次
LDMDB Rd!,｛寄存器列表｝	从 Rd 处读取多个字。每读一个字前 Rd 自减一次，32 位宽度
STMDB Rd!,｛寄存器列表｝	存储多个字到 Rd 处。每存一个字前 Rd 自减一次
PUSH｛寄存器列表, [LR]｝	将多个寄存器值压栈
POP｛寄存器列表, [PC]｝	从栈中弹出多个值到寄存器中

ARM 在进行存储器和多个寄存器的数据传输时，低编号寄存器对应内存中的低地址单元，高编号寄存器对应内存中的高地址单元，无论寄存器在寄存器列表中如何排列，都遵循该原则。

例如：下面 2 条指令功能完全相同，即对多个寄存器的存储顺序是相同的。

STMIA R8!，(R3，R0，R1，R2)   ；存储顺序 R0，R1，R2，R3

STMIA R8!，(R0，R1，R2，R3)   ；存储顺序 R0，R1，R2，R3

Rd 后面的"!"表示在每次数据传送前（Before）或后（After），要自增（Increment）或自减（Decrement）基址寄存器 Rd 的值，增/减单位是 1 个字（4 字节）。共有两种组合方式：

a）IA（Increment+After）：每次读写后地址加 4；

b）DB（Decrement+Before）：每次读写前地址减 4。

例如：若 R8=0x8000，则为下面两条指令。

STMIA R8!，{R0-R3}   ；R8 值变为 0x8010，每存一次增一次，先存储后自增

STMDB R8，{R0-R31}   ；R8 值的"一个内部复本"先自减后存储，但是 R8 的值不变

6）压栈和出栈指令 PUSH/POP。

栈的进栈 PUSH 指令和出栈 POP 指令也可以实现多寄存器加载和存储，它们利用当前的栈指针来生成地址。

例如：

PUSH {R0，R4-R7，R9}   ；将 R0，R4-R7，R9 压入栈

POP {R0，R4-R7，R9}   ；将 R0，R4-R7，R9 出栈

16 位的 PUSH 和 POP 指令只能使用低寄存器（R0~R7）、LR（用于 PUSH）和 PC（用于 POP）。因此，如果在程序中需要把高寄存器压栈或出栈，就需要使用 32 位的进栈 PUSH 和出栈 POP 指令对。

7）STM/LDM 指令与 PUSH/POP 指令的区别。

STM/LDM 指令能对任意的地址空间进行操作，而 PUSH/POP 指令只能对堆栈空间进行操作；

STM/LDM 指令的生长方式可以支持向上和向下两种方式，而 PUSH/POP 指令只能支持向下生长；

当两对指令的操作数都为 SP 时，STM/LDM 指令可以选择是否回写修改 SP 值，而 PUSH/POP 指令会自动修改 SP 值。

例如：

STMDB SP!，{R4-R7，LR}   ；现场保护，R4-R7、LR 入栈

等价于 PUSH（R4-R7，LR）。

例如：

LDMIA SP!，{R4-R7，PC}   ；恢复现场，R4-R7、LR 出栈。

等价于 POP（R4-R7，PC]

（3）算术运算指令

算术运算指令负责加减乘除运算，指令如表 1-10 所示。

表 1-10　　　　　　　　　　　　　　　　　算术运算指令

指　　　令	功 能 描 述

ADD Rd, Rn, Rm; Rd=Rn+Rm
ADD Rd, Rm; Rd+=Rm
ADD Rd, #imm; Rd+=imm
	常规加法
	imm 的范围是 im8（16 位指令）或 im12（32 位指令）

ADCRd, Rn, Rm; Rd=Rn+Rm+C ADCRd, Rm; Rd+=Rm+C ADC Rd, #imm; Rd+=imm+C	带进位的加法 imm 的范围是 im8（16 位指令）或 im12（32 位指令）
ADD Rd, #imm12; Rd+=imm12	寄存器和 12 位立即数相加

SUB Rd, Rn; Rd−=Rn
SUB Rd, Rn, #imm3; Rd=Rn−imm3
SUB Rd, #imm8; Rd−=imm8
SUB Rd, Rn, Rm; Rd=Rm−Rm
	常规减法

SBC Rd, Rm; Rd=Rm+C SBC Rd, Rn, #imm12; Rd=Rn−imm12−C SBC Rd, Rn, Rm; Rd=Rn−Rm−C	带借位的减法
RSB Rd, Rn, #imm12; Rd=imm12−Rn RSB Rd, Rn, Rm; Rd=Rm−Rn	反向减法
MUL Rd, Rm; Rd∗=Rm MUL Rd, Rn, Rm; Rd=Rn∗Rm	常规乘法
MLA Rd, Rm, Rn, Ra; Rd=Ra+Rm∗Rn MLS Rd, Rm, Rn, Ra; Rd=Ra−Rm∗Rn	乘加与乘减
UDIV Rd, Rn, Rm; Rd=Rn/Rm（无符号除法） SDIV Rd, Rn, Rm; Rd=Rn/Rm（带符号除法）	硬件支持的除法，余数被丢弃
SMULLRL, RH, Rm, Rn; [RH：RL]=Rm∗Rn SMLALRL, RH, Rm, Rn; [RH：RL]+=Rm∗Rn	带符号的 64 位乘法
UMULLRL, RH, Rm, Rn; [RH：RL]=Rm∗Rn UMLAL RL RH, Rm, Rn; [RH：RL]+=Rm∗Rn	无符号的 64 位乘法

下面以加法为例说明 16 位、32 位的算术四则运算指令。

```
ADD R0, R1              ; R0+=R1
ADD R0, #0x12           ; R0+=12
ADD.W R0, R1, R2        ; R0=R1+R2
```

虽然16位加法指令与32位加法指令的助记符都是ADD，但是二进制机器码是不同的。当进行16位加法时，会自动更新APSR中的标志位。

然而，在使用".W"显式指定了32位指令后，就可以通过"S"后缀控制对APSR的更新。

例如：

```
ADD.W R0, R1, R2        ; 不更新标志位
ADDS.W R0, R1, R2       ; 更新标志位
```

在进行除法运算时，有可能出现被零除的情况，产生除零异常。

```
UDIV Rd, Rn, Rm         ; Rd=Rn/Rm（无符号除法）
SDIV Rd, Rn, Rm         ; Rd=Rn/Rm（带符号除法）
```

为了捕捉被零除的非法操作，可以在NVIC的配置控制寄存器中置位DIVBZERO位。如果出现了被零除的情况，将会引发一个用法fault异常。如果没有任何措施，Rd将在除数为零时被清零。

（4）逻辑运算指令

逻辑运算指令负责进行按位与/或/异或/清零等逻辑运算，指令如表1-11所示。

表1-11 逻辑运算指令

指　　令	功能描述
AND Rd, Rn ; Rd&=Rn AND Rd, Rn, #imm12 ; Rd=Rn&imm12 AND Rd, Rm, Rn ; Rd=Rm&Rn	按位与
ORR Rd, Rn ; Rd|=Rn ORR.W Rd, Rn, #imm12 ; Rd=Rn|imm12 ORR.W Rd, Rm, Rn ; Rd=Rm|Rn	按位或
BIC Rd, Rn ; Rd&=~Rn BIC Rd, Rn, #imm12 ; Rd=Rn~&imm12 BIC Rd, Rm, Rn ; Rd=Rm&~Rn	位清零
ORN Rd, Rn, #imm12 ; Rd=Rn|~imm12 ORN Rd, Rm, Rn ; Rd=Rm|~Rn	按位或反码
EOR Rd, Rn ; Rd^=Rn EOR Rd, Rn, #imm12 ; Rd=Rn^imm12 EOR Rd, Rm, Rn ; Rd=Rm^Rn	按位异或，异或总是按位的

（5）移位和循环指令

移位和循环指令负责左移、右移等移位运算，指令如表 1-12 所示。

表 1-12　　　　　　　　　　　　　　**移位和循环指令**

指　　令		功能描述
LSL Rd，Rn，#imm5	；Rd=Rn<<imm5	
LSL Rd，Rn	；Rd<<=Rn	逻辑左移
LSL Rd，Rm，Rn	；Rd=Rm<<Rn	
LSR Rd，Rn，#imm5	；Rd=Rn>>imm5	
LSR Rd，Rn	；Rd>>=Rn	逻辑右移
LSR Rd，Rm，Rn	；Rd=Rm>>Rn	
ASR Rd，Rn，#imm5	；Rd=Rn * >>imm5	
ASR Rd，Rn	；Rd * >>=Rn	算术右移
ASR Rd，Rm，Rn	；Rd=Rm * >>Rn	
ROR Rd，Rn	；Rd>>=Rn	循环右移
ROR Rd，Rm，Rn	；Rd=Rm>>Rn	
RRX Rd，Rn	；Rd=(Rn>>1)+(C<<31)	带进位的循环右移一位
RRXS Rd，Rn	；Rd=(Rn>>1)+(C<<31)，C=Rn&1	

如果在移位和循环指令上加上"S"后缀，则这些指令会更新进位标志 C。

如果是 16 位 Thumb-2 指令，则总是更新进位标志 C 的。

各条指令的执行逻辑如图 1-13 所示。

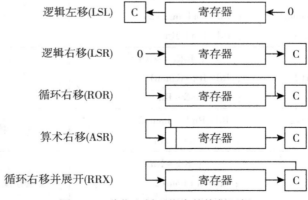

图 1-13　移位和循环指令的执行逻辑

（6）符号扩展指令

二进制补码表示法中，最高位是符号位。把一个 8 位或 16 位数扩展成 32 位数时：

对于负数，必须把所有高位全填 1，其数值不变；

对于正数或无符号数，则只需简单地把高位清零。

符号扩展指令见表 1-13。

表 1-13　符号扩展指令

指　　令		功 能 描 述
SXTB Rd，Rm	；Rd=Rm 的带符号扩展	把带符号字节整数扩展到 32 位
SXTH Rd，Rm	；Rd=Rm 的带符号扩展	把带符号半字整数扩展到 32 位

（7）字节调序指令

字节调序指令用于调整一个字中的字节顺序，指令见表 1-14。

表 1-14　字节调序指令

指　　令	功 能 描 述
REV Rd，Rn	在字中调整字节序
REV16 Rd，Rn	在高、低半字中调整字节序
REVSH	在低半字中调整字节序，并带符号扩展

各条字节调序指令的执行逻辑如图 1-14 所示。

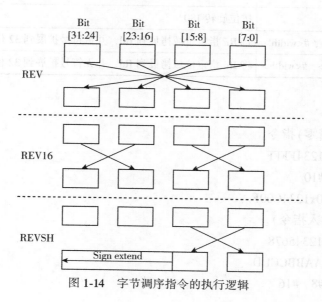

图 1-14　字节调序指令的执行逻辑

例如：记 R0 = 0x12345678，在执行下列指令后，有

LDR R0，= 0x12345678

REV R1，R0

REVSH R2，R0

REV16 R3，R0

则 R1 = 0x78563412，R2 = 0x00007856，R3 = 0x34127856。

REVSH 在 REVH 的基础上，还把转换后的半字做带符号扩展。

例如：记 R0 = 0x33448899，则有

LDR R0，= 0x33448899

REVSH R1，R0

执行后，R1 = 0xFFFF9988。

（8）位域处理指令

位域处理指令的功能是对寄存器中的指定位域进行置位、复位、替换等操作，位域处理指令如表 1-15 所示。

表 1-15 位域处理指令

指　　令	功 能 描 述
BFC Rd，#<lsb>，#<width>	将 Rd 指定位域清零：Rd 中第 lsb 位开始的 width 宽度 lsb 为 Rd 中位域的最低有效位 width 为 Rd 中位域宽度，在 lsb 和它的左边（更高有效位）
BFIRd，Rn，#<lsb>，#<width>	将 Rn 内容插入 Rd 指定位域
CLZ Rd，Rn	计算前导 0 的数目
RBIT Rd，Rn	按位旋转 180°
SBFX Rd，Rn，#<lsb>，#<width>	将 Rn 指定位域拷贝到 Rd，并带符号扩展到 32 位
UBFX Rd，Rn，#<lsb>，#<width>	将 Rn 指定位域拷贝到 Rd，并无符号扩展到 32 位

例如：

1）BFC（位域清零）指令。

LDR R0，= 0x1234FFFF

BFC R0，#4，#10

执行后，R0 = 0x1234C00F。

2）BFI（位域插入指令）。

LDR R0，= 0x12345678

LDR R1，= 0xAABBCCDD

BFI R1，R0，#8，#16

执行后，R1 = 0xAA5678DD。

3）RBIT（反转字数据中位顺序）指令。

记 R1 = 0xB4E10C23

（二进制数值为 1011，0100，1110，0001，0000，1100，0010，0011）

LDR R1，= 0xB4E10C23

RBIT R0，R1

执行后，R0 = 0xC430872D

（二进制数值为 1100，0100，0011，0000，1000，0111，0010，1101）

4）UBFX/SBFX（复制位域符号扩展）指令。

LDR R0，= 0x5678ABCD

UBFX R1，R0，#12，#16；R1 = 0x0000678A

类似地，SBFX 指令也抽取任意的位域，但是以带符号的方式进行扩展。

LDR R0，= 0x5678ABCD

SBFX R1，R0，#8，#4；R1 = 0xFFFFFFFB

（9）比较和测试指令

比较和测试指令用于更新标志寄存器 APSR 中的标志，这些标志可用于条件跳转或条件执行。比较和测试指令见表 1-16。

表 1-16 比较和测试指令

指令	功 能 描 述
CMP\<Rn\>，\<Rm\>	比较：计算 Rn-Rm，APSR 更新但计算结果不保存
CMP\<Rn\>，#\<immed\>	比较：计算 Rn-立即数
CMN\<Rn\>，\<Rm\>	负比较：计算 Rn+Rm，APSR 更新但计算结果不保存
CMN\<Rn\>，#\<immed\>	负比较：计算 Rn+立即数，APSR 更新但计算结果不保存
TST\<Rn\>，\<Rm\>	测试，即按位与：计算 Rn 和 Rm 相与后的结果，APSR 中的 N 位和 Z 位更新，但不保存与运算的结果。若使用了桶形移位则更新 C 位
TST\<Rn\>，#\<immed\>	测试，即按位与：计算 Rn 和立即数相与后的结果，APSR 中的 N 位和 Z 位更新，但不保存与运算的结果
TEQ\<Rn\>，\<Rm\>	测试，即按位异或：计算 Rn 和 Rm 异或后的结果，APSR 中的 N 位和 Z 位更新，但不保存运算的结果。若使用了桶形移位则更新 C 位
TEQ\<Rn\>，#\<immed\>	测试，即按位异或：计算 Rn 和立即数异或后的结果，APSR 中的 N 位和 Z 位更新，但不保存运算的结果

需要说明的是：由于 APSR 总是会更新，所以这些指令后面不需要添加后缀 S。

（10）子程序调用与无条件转移指令

此类指令的根本目的是实现程序转移。主要有如下两类指令:

1)B, BL, BLX, BX。该指令通过转移指令实现程序转移。

2)MOV, LDR, POP, LDM。该指令通过直接修改 PC 值实现程序转移。

主要指令格式有:

B Label 　　; 转移到 Label 处对应的地址

BX reg 　　; 转移到由寄存器 reg 给出的地址

BL Label 　　; 转移到 Label 处对应的地址, 并且把转移前的下条指令地址保存到 LR

BLX reg 　　; 转移到寄存器 reg 给出的地址, 并且把转移前的下条指令地址保存到 LR

MOV PC, R0 　; 转移地址由 R0 给出

LDR PC, [R0] 　; 转移地址存储花 R0 所指向的存储器中

POP {…, PC} 　; 把返回地址以弹出堆栈的风格送给 PC, 从而实现转移

LDMIA SP!, {…, PC} 　; POP 的另一种等效写法

(11)饱和运算指令

Cortex-M4 中的饱和运算指令分为两种: 一种是带符号饱和运算; 另一种是无符号饱和运算。具体指令见表 1-17。

表 1-17　　　　　　　　　　　　　饱和运算指令

指　令	功能描述
SSAT Rd, #imm5, Rn, {, shift}	带符号饱和运算: 以带符号数的边界进行饱和运算(交流)
USAT Rd, #imm5, Rn, {, shift}	无符号饱和运算: 以无符号数的边界进行饱和运算(带纹波的直流)

其中, Rn 存储"放大后的信号(32 位带符号整数)"; Rd 存储饱和运算的结果; #imm5 用于指定饱和边界——该由多少位的带符号整数来表达介许的范同, 取值范同是 1~32。

饱和运算多用于信号处理。当信号被放大后, 有可能使它的幅值超出允许输出的范围。如果简单地清除数据最高位 MSB, 则常常会严重破坏信号的波形, 而饱和运算则只是使信号产生削顶失真, 如图 1-15 所示。

饱和运算的结果可以用于更新应用程序状态寄存器 APSR 中 Q 标志。Q 标志在写入后可以通过写 APSR 清零。

(12)其他指令

1)NOP 指令。

Cortex-M4 支持 NOP 指令, 用于产生指令对齐或延时。NOP 指令什么也不做, 仅消耗条指令的时间。指令格式如下:

NOP 　; 什么也不做

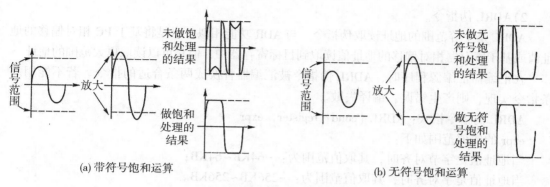

(a) 带符号饱和运算　　　　　　　　　　　　　　　(b) 无符号饱和运算

图 1-15　饱和运算示意图

也可以用 C 语言调用：

_NOP( )　；//什么也不做

2）BKPT 指令。

指令格式为：BKPT <immed_8>；断点

其中 immed_8 为数字表达式，取值为 0~255 范围内的整数。BKRT 指令产生软件断点中断，主要用于程序的调试。

也可以用 C 语言调用：

_BKPT(immed_8)；　//断点

（13）伪指令

伪指令在汇编阶段被翻译成 ARM 或 Thumb 指令的组合，常用的伪指令有：ADR、ADRL、LDR。

1）ADR 伪指令。

ADR 是小范围的地址读取伪指令，，将基于 PC 相对偏移的地址值或基于寄存器相对偏移的地址值读取到目标寄存器中。

在汇编器汇编源程序时，ADR 伪指令被汇编器替换成一条合适的指令。通常，汇编器用一条 ADD 指令或 SUB 指令来实现该 ADR 伪指令的功能，若不能用一条指令实现，则产生错误，编译失败。

ADR 伪指令格式：ADR {cond} register，expr

其中，register 是目标寄存器；expr 是相对偏移地址表达式，通常是一个地址标号。

expr 的取值范围如下：

当地址值是字节对齐时，其取值范围为：−255B~255B

当地址值是字对齐时，其取值范围为：−1020B~1020B。

示例：

Next MOV R1，#0XF0　；Next 是标号

ADR R2，Next　；读取 Next 的地址

2）ADRL 伪指令。

ADRL 是中等范围的地址读取伪指令。与 ADR 功能相似，也是将基于 PC 相对偏移的地址值或基于寄存器相对偏移的地址值读取到目标寄存器中，但是可以读取更大范围的地址。

在汇编器汇编源程序时，ADRL 伪指令被汇编器替换成两条合适的指令。若不能用两条指令实现，则产生错误，编译失败。

ADRL 伪指令格式：ADRL {cond} register，expr

expr 的取值范围如下：

当地址值是字节对齐时，其取值范围为：−64KB～64KB；

当地址值是字对齐时，其取值范围为：−256KB～256KB。

例如：

Next　MOV　R1，#0XF0　；Next 是标号

ADRL　R2，Next　；读取 Next 的地址

3）LDR 伪指令。

LDR 是大范围的地址读取伪指令，用于加载 32 位的立即数或一个地址值到指定寄存器。

LDR 伪指令格式：LDR register，= const-expr const-expr 是常量表达式，可以包含标号。例如：

LDR　R0，= Next　　　；Next 是标号

LDR　R1，=（Next+10）　；Next 是标号

LDR　R2，= 0x0F　　　；表达式是一个常量

LDR　R3，= 0x5678ABCD　；表达式是一个常量

在汇编器汇编源程序时，LDR 伪指令被汇编器替换成一条合适的指令。若加载的常量未超出 MOV 或 MVN 所能加载的数值范围，则使用 MOV 或 MVN 指令代替该 LDR 伪指令，否则汇编器将常量放入文字池（literal pools），并使用一条程序相对偏移的 LDR 指令从文字池读出常量。

文字池其实就是一个存储常量数据的存储空间，汇编器会使用文字池来在代码段中存储常量数据，汇编器通常会在每个段的末尾放置文字池。

在前面的示例中，LDR R2，= 0x0F 被替换为一条 MOV R2，0x0F 指令。而 LDR R3，= 0x5678ABCD 中的常量 0x5678ABCD 被汇编器放入文字池（位于代码段的末尾），然后汇编器使用 LDR R3，[PC，#offset] 指令从文字池读出常量 0x5678ABCD 到 R3。其中，#offset 是常量的存储地址与 PC 值之间的相对偏移量。

1.3　流水线

Cortex-M4 使用一个三级流水线，分别是取指、译码和执行，如图 1-16 所示。

1. 取指阶段

取指（Fetch）：用来计算下一个预取指令的地址，从指令空间中取出指令或者自动加

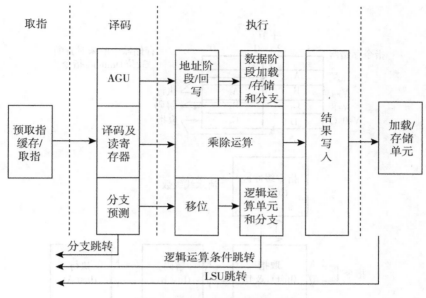

图 1-16 Cortex-M4 三级流水线

载中断向量。此阶段还包含 3 个长字的预取指缓冲区，它允许后续的指令在执行前先在里面排队，也能在执行未对齐的 32 位指令时，避免流水线"断流"。不过该缓冲区并不会在流水线中添加额外的级数，因此不会使跳转导致的性能下降更加恶化。它最多可缓存 3 个 Thumb2 指令或者 6 个 Thumb 指令。预取指缓存的示意如图 1-17 所示，这个阶段主要通过 I-code 总线或者系统总线来获取指令。

2. 译码阶段

译码（Decode）：这个阶段主要用来对取指阶段获得的指令代码进行解码操作，分解出指令中的执行码和操作数，根据操作数寻址的要求产生操作数的 LSU（Load/Store Unit）地址，产生 LR 寄存器值，其中的 AGU 叫做地址产生单元，当指令采用寄存器间接寻址方式作为指针访问内存时，用它来产生操作数访问地址。如果操作数是寄存器的话，那么在这个阶段就可以直接读取操作数，因为寄存器是紧密耦合在内核执行流水线中的。

3. 执行阶段

执行（Execute）：执行指令，产生 LSU 的回写执行结果，执行乘除指令，以及进行逻辑运算并产生分支跳转。

4. 分支跳转与分支预测

在几个阶段都可以产生跳转的操作，绝大部分跳转都是由 ALU 执行的运算跳转，ALU 计算出相对当前 PC 的偏移量，然后发给取指单元实现跳转。为了避免分支跳转打断

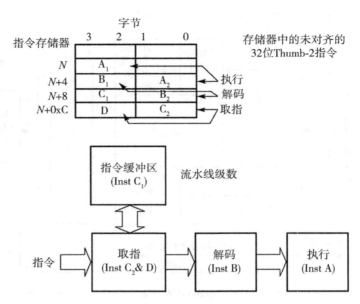

图 1-17　取指单元使用缓冲区对 32 位指令处理的性能提升

流水线从而导致的流水线气泡，影响代码执行效率，M4 内核引入了分支预测的能力。一些算法需要对指令反复执行运算，简单的分支推测有利于减少因流水线清空所产生的开销，分支预测指令在译码阶段就可以预测是否发生跳转，从而减少由于跳转分支打乱流水线导致的流水线气泡过大的问题。

　　图 1-18 是一个分支预测的例子，在执行指令"BNE 0X00000202"时，内核会在译码阶段预测下面的代码流是否会发生跳转，从而影响取指阶段从地址 0X0202 跳转取指还是按顺序从 0x020A 取指。

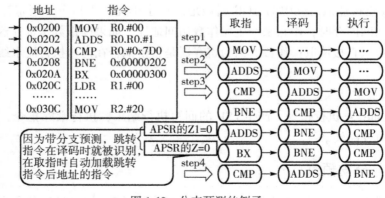

图 1-18　分支预测的例子

1.4　寄存器组

Cortex-M4 处理器拥有 R0~R15 的寄存器组，R13 作为堆栈指针 SP，SP 有两个，但在同一时刻只能有一个可以看到，这也就是所谓的"banked"寄存器，如图 1-19 所示就是 Cortex-M4 寄存器组，其说明如表 1-18 所示。

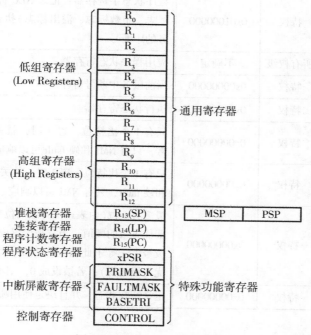

图 1-19　Cortex-M4 寄存器组

表 1-18　　寄存器功能描述

名字	类型	要求权限	默认值	功能描述
R0~R12	读写	所有权限	不确定	都是 32 位通用寄存器；用于数据操作；绝大多数 16 位 Thumb 指令只能访问 R0~R7；32 位 Thumb-2 指令可以访问所有寄存器；R0~R7 称为低组寄存器，所有的指令都能访问它们，它们的字长全是 32 位，复位后的初始值是不可预料的；R8~R12 称为高组寄存器，这是因为只有很少的 16 位 Thumb 指令能访问它们，复位后的初始值是不可预料的
MSP	读写	特权		主堆栈指针：复位后默认使用的堆栈指针；用于操作系统内核，以及异常处理例程(包括中断服务例程)

35

续表

名字	类型	要求权限	默认值	功能描述
PSP	读写	所有权级	不确定	进程堆栈指针：由用户的应用程序代码使用
LR/R14	读写	所有权级	0xFFFFFFFF	连续寄存器：当调用子程序时，由 R14 存储返回地址
PC/R15	读写	所有权级	-	程序计数寄存器：指向当前的程序地址，如果修改它的值，就能改变程序的执行顺序
PSR	读写	特权	0x01000000	程序状态字寄存器：记录 ALU 标志（如 0 标志、进位标志、负数标志、溢出标志）执行状态，以及当前服务的中断号
ASPR	读写	所有权级	不确定	应用程序状态寄存器
IPSR	只读	特权	0x00000000	当前服务中断号寄存器
EPSR	只读	特权	0x01000000	执行状态寄存器
PRIMASK	读写	特权	0x00000000	只有 1 个比特位；置 1 时，就关掉所有可屏蔽的异常，只有 NMI 和硬 fault 可以响应
FAULTMASK	读写	特权	0x00000000	只有 1 个比特位；置 1 时，就关掉所有可屏蔽的异常和硬 fault，只有 NMI 可以响应
BASEPRI	读写	特权	0x00000000	最多有 9 位（由表达优先级的位数决定）；定义了被屏蔽优先级的阈值，当它被设置成某之后，所有优先级号大于等于此值的中断都被关闭（优先级号越大，优先级越低）；若被设成 0，则不关闭任何中断
CONTROL	读写	特权	0x00000000	定义特权状态，并且决定使用哪一个

1. 堆栈指针 SP(R13)

在一个汇编程序中，可以写成 SP 或者 R13。Cortex-M4 拥有两个堆栈指针，即 MSP 和 PSP，然而它们是 banked，因此任一时刻只能使用其中的一个，要使用另一个就必须用特殊的指令来访问（MRS、MSR 指令）。

主堆栈指针（MSP），或写成 SP_main，这是复位后默认使用堆栈指针，服务于操作系统内核态和异常服务例程。

进程堆栈指针（PSP），或写成 SP_process，典型地用于在 OS 中普通的用户进程中。

采用两个独立堆栈指针的方式，可以让复杂的系统中运行于内核态与用户态的程序独立使用各自的堆栈而不会相互影响，这样即使安全级别较低的用户态出现任何堆栈崩溃的情况，也不至于影响到内核的程序安全，具体实际使用中采用哪个指针取决于寄存器 CONTROL[1]，CONTROL[1]=0 时使用 MSP CONTROL[1]=1 时使用 PSP。

堆栈指针的最低两位永远是 0，这意味着堆栈总是 4 字节对齐的。R13 的最低两位被硬线连接到 0, 所以总是读出 0。

2. 堆栈的 PUSH 与 POP

PUSH 指令和 POP 指令使用堆栈指针 SP, 具体使用 MSP 还是 PSP 取决于 CONTROL 寄存器。

堆栈是一种存储器的使用模型, 它由一块连续的内存和一个栈顶指针组成, 用于实现 "后进先出" 的缓冲区。其最典型的应用, 就是在数据处理前先保存寄存器的值, 再在处理任务完成后从中恢复先前保护的这些值。

在执行 PUSH 和 POP 操作时, 那个通常被称为 SP 的地址寄存器, 会由硬件自动调整它的值, 以避免后续操作破坏先前的数据。本书的后续章节还要围绕着堆栈展开更详细的论述。它们的汇编语言语法如下例所示。

PUSH {R0} ; 把 R0 压入堆栈

POP {R0} ; 把 R0 从堆栈里弹出

Cortex-M4 默认是以 "满堆栈向下生长" 方式的使用堆栈的。满堆栈的意思是指当前的堆栈指针指向的是栈顶的保存有数据的空间, 向下生长指的是每次压栈操作, 指针地址是递减的, 所以是向下生长。满堆栈向下生长的示意图如图 1-20 所示。

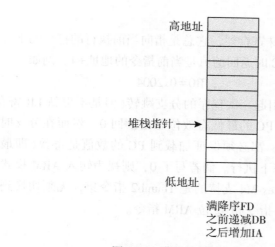

图 1-20　满堆栈向下生长的示意

PUSH 和 POP 还能一次操作多个寄存器, 如下所示。

PUSH {R0-R7, R12, R14} ; 保存寄存器列表

… ; 执行处理

POP {R0-R7, R12, R14} ; 恢复寄存器列表

BX R14 ; 返回到主调函数

寄存器的 PUSH 和 POP 操作永远都是 4 字节对齐的, 也就是说, 它们的地址必须是

0x4、0x8、0xc、……

除了 PUSH 和 POP 这两个堆栈操作指令以外，Cortex-M4 还提供了多数据搬移操作指令 STM，结合不同的后缀，还可以实现对各种类型堆栈的操作，如满堆栈降序(即满堆栈向下生长)、满堆栈升序、空堆栈升序、空堆栈降序等。

3. 连接寄存器 LR(R14)

R14 连接寄存器也可以写成 LR，LR 用于在调用子程序时存储返回地址。例如，当使用分支并连接(Branch and Link，BL)指令时，就自动填充 LR 的值。在 M4 的指令集当中，有一些指令会对 PC 指针进行处理从而出现分支跳转或者函数跳转，这些指令当中如果含有子母"L"的话，处理器则在更新 PC 指针的时候同时也更新 LR 寄存器，从而保证调用返回时可以使用 LR 寄存器。

不像大多数其他处理器那样，ARM 为了减少访问内存的次数(访问内存的操作往往要 3 个以上指令周期，带 MMU 和 Cache 的就更加不确定了)，把返回地址直接存储在寄存器中。这样足以使很多只有 1 级子程序调用的代码无须访问内存(堆栈内存)，从而提高子程序调用的效率。如果多于 1 级，则需要把前一级的 R14 值压到堆栈里。在 ARM 上编程时，应尽量只使用寄存器保存中间结果，迫不得已时才访问内存。

4. 程序计数器 PC(R15)

R15 程序指针寄存器也是特殊寄存器，它总是指向当前执行的指令的下一条将要取指的指令。由于指令流水线，读 PC 时返回的值是当前指令的地址+4。例如

0x2000：MOV　R0，PC　　　　　　　　；R0 = 0x2004

如果向 PC 中写数据，就会引起一次程序的分支跳转(但是不更新 LR 寄存器)，其中的指令至少是半字对齐的，所以 PC 的最低有效位总是读回 0。然而在分支时，无论是直接写 PC 的值还是使用分支指令，都必须保证加载到 PC 的数值是奇数(即最低有效位是 1)，用以表明这是在 Thumb 状态下执行。倘若写了 0，则视为转入 ARM 模式，Cortex-M4 将产生一个 fault 异常，因为 Cortex-M4 支持的是 Thumb2 指令集，无须切换到 ARM 模式。Thumb2 本身包含了 16 位 Thumb 指令和 32 位 ARM 指令。

5. 特殊功能寄存器

(1)程序状态字寄存器组(xPSR)。

Cortex-M4 还在内核水平上搭载了若干特殊功能寄存器，包括程序状态字寄存器组(xPSR)、中断屏蔽寄存器组(PRIMASK、FAULTMASK、BASEPRI)、控制寄存器(CONTROL)。

程序状态字寄存器组(xPSR)，如图 1-21 所示，xPSR 是一个 32 位寄存器，可以进行整个 32 位数据的读取访问，也可以分成 3 部分分别来访问，分别是 APSR、IRPS 和 EPSR，具体如图 1-21 所示的结构。

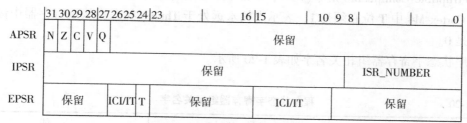

图 1-21   程序状态字寄存器组

（2）应用程序状态寄存器（APSR）。

N：负数标志位（Negative），置 0 时结果为正整数或零。

Z：零结果标志位（Zero），置 1 时结果为零。

C：进位/借位标志位（Carry），加法时置 1 表示进位，减法时置 0 表示借位。

V：溢出标志位（Overflow），置 1 时结果溢出。

Q：DSP 溢出和饱和度的标志位，饱和运算的结果可以拿去更新 Q 标志，Q 标志在写入后可以用软件清 0。

N、Z、C 和 V 位可以被条件转移指令参考，此位不会被条件转移指令参考。

（3）中断状态寄存器（IPSR）。

IPSR 包含当前中断服务程序（ISR）的异常类型，给出它的编号。

在 NVIC 的中断控制及状态寄存器中，有一个 VECTACTIVE 位段，也记录当前中断的向量号。M4 总共支持 256 个异常中断矢量，如表 1-19 所示。

表 1-19   **IPSR 位代表的中断类型**

ISR_NUMBER[8：0]	类型	ISR_NUMBER[8：0]	类型
0	无异常中断	1	复位
2	不可屏蔽中断	3	硬件错误
4	存储器管理错误	5	总线错误
6	用法错误	7~10	保留
11	系统调用	12	调试模块专用异常求
13	保留	14	可挂起系统调用
15	系统节拍定时器	16	外部中断 0
……	……	n+16	外部中断 n

6. 执行状态寄存器：（EPSR）

EPSR 包含 Thumb 状态位，执行状态位，其中执行状态位包含：If-Then 指令（IT）。

Interruptible-Continuable 指令(ICI)，多加载、多存储指令。

在 Cortex-M4 中 T 位必须是 1，表示内核永远处于 Thumb 状态，从该寄存器中读出来的值总是 0。

程序状态字寄存器组相关名字如表 1-20 所示。

表 1-20　　　　　　　　　　　　程序状态字寄存器组相关名字

符　号	类　型	功　能
IEPSR	RO	IPSR+EPSR
IAPSR	RW	IPSR+APSR
EAPSR	RW	EPSR+APSR
PSR	RW	xPSR = APSR+EPSR+IPSR

对于程序状态字寄存器组的相关操作，可以通过 MRS 和 MSR 两条指令进行读出与写入，因为 IPSR 和 EPSR 是只读，所以对它们的操作只能读取数据而不能写入。

ICI/IT 位的引入是 ARM 为 Cortex-M4 定制的一个非常有意义的机制。有了 ICI/IT 位，Cortex-M4 可以支持复杂操作的单指令运行，而无须担心它会对中断响应速度产生影响。通常来说，对于执行一些需要在多个内核时钟周期完成的指令(如 LDM/STM 等装载多数据指令)，在指令执行过程中，有外部触发的中断，传统的 CPU 必须等待当前的指令执行完毕后，再来响应该中断事件。这样在设计阶段就存在响应时间的延迟和不确定性，从而影响系统的实时性，因此 Cortex-M4 采用 ICI 的位来保存当前指令的执行现场，然后内核去响应中断。在执行完中断后，内核会根据 ICI 位保护的现场来继续执行当前的指令，整个机制可以保证指令的正确执行，以及对中断的实时响应。IT 位则是用于专用指令 If-Then 的状态保存，详细内容请参考 If-Then 指令的介绍。

7. 中断屏蔽寄存器组

要访问的中断屏蔽寄存器使用 MSR 和 MRS 指令，或 CPS 指令，改变 PRIMASK 或 FAULTMASK 的值。

PRIMASK：当最低位置 1 时，将关掉所有可屏蔽的异常，只有 NMI 和硬 fault 可以响应，如图 1-22 所示。

图 1-22　PRIMASK

（1）FAULTMASK：当最低位置 1 时，将关掉所有可屏蔽的异常和硬 fault 只有 NMI 可以响应，如图 1-23 所示。

图 1-23　FAULTMASK

BASEPRI：由图 1-24 可以看到 BASEPRI 有 8 位（由表达优先级的位数决定），定义了被屏蔽优先级的阈值，当它被设成某个值后，所有优先级号大于等于此值的中断都被关闭（优先级🖑号越大，优先级越低），若被设成 0，则不关闭任何中断。

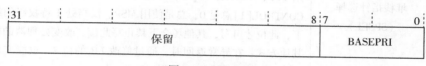

图 1-24　BASEPRI

对于时间关键任务而言，正确使用 PRIMASK 和 BASEPRI 来暂时关闭一些中断是非常重要的。

而 FAULTMASK 则可以被 OS 用于暂时关闭 fault 处理机能，这种处理在某个任务崩溃时可能需要。因为在任务崩溃时，常常伴随着一大堆 faults。在系统料理"后事"时，通常不再需要响应这些 fault。总之 FAULTMASK 就是专门留给 OS 使用的。

要访问 PRIMASK，FAULTMASK 以及 BASEPRI，同样要使用 MRS/MSR 指令，如

```
MRS    R0, BASEPRI          ; 读取 BASEPRI 到 R0 中
MRS    R0, FAULTMASK        ; 同上
MRS    R0, PRIMASK          ; 同上
MSR    BASEPRI, R0          ; 写入 R0 到 BASEPRI 中
MSR    FAULTMASK, R0        ; 同上
MSR    PRIMASK, R0          ; 同上
```

只有在特权级下，才允许访问这 3 个寄存器。其实，为了快速地开关中断，CM4 还专门设置了一条 CPS 指令，有以下 4 种用法。

```
CPSID   I          ; PRIMASK=1  ; 关中断
CPSIE   I          ; PRIMASK=0  ; 开中断
CPSID   F          ; FAULTMASK=1 ; 关异常
CPSIE   F          ; FAULTMASK=0 ; 开异常
```

8. 控制寄存器(CONTROL)

控制寄存器是主要用来控制内核的运行状态的寄存器，见表 1-21，它主要包括：

表 1-21　　　　　　　　　　　　　**控制寄存器(CONTROL)**

比特位	名字	功　能
[0]	特权级别的选择 (nPRIV)	置 0 时，特权级的线程模式；置 1 时，用户级的线程模式。Handler 模式永远都是特权级的，仅当在特权级下操作时才允许写该位。一旦进入了用户级，唯一返回特权级的途径，就是触发一个(软)中断，再由服务例程改写该位
[1]	堆栈指针选择 (SPSEL)	置 0 时，选择主堆栈指针 MSP(复位后的缺省值)；置 1 时，选择进程堆栈指针 PSP。在线程模式下(也就是没有在响应异常)，可以使用 PSP，CONTROL[1] 可以为 0 或 1。在 Handler 模式下，CONTROL[1] 总是 0，总是使用 MSP。仅当处于特权级的线程模式下，此位才可写，其他场合下禁止写此位。改变处理器的模式也有其他方式：在异常返回时，通过修改 LR 的位 2，也能实现模式切换。这是 LR 在异常返回时的特殊用法
[2]	FPCA	0=FPU 处于禁止状态；1=FPU 处于激活状态。Cortex-M4 的使用该位，以确定是否保持浮点
[31：3]	保留位	

1)用于定义特权级别；

2)用于选择当前使用哪个堆栈指针；

3)用于表明 FPU 是否处于激活状态。

进入异常和返回机制，根据 EXC RETURN 的值自动更新控制寄存器，从而决定返回后内核所处的特权级别，以及所使用的堆栈指针。

当改变堆栈指针时，软件必须使用 ISB(Instruction Synchronization Barrier)指令进行指令隔离，这将确保在 ISB 指令后的指令使用新的堆栈指针。

1.5　操作模式和特权等级

Cortex-M4 支持 2 个模式和 2 个权限等级。如图 1-25 所示。

当处理器处在线程状态下时，既可以使用特权级，也可以使用用户级；handler 模式总是特权级的。在复位后，处理器进入线程模式+特权级。

在特权级下的代码可以通过置位 CONTROL[0] 来进入用户级。用户级下的代码不能再试图修改 CONTROL[0] 来回到特权级。状态转换如图 1-26 所示。

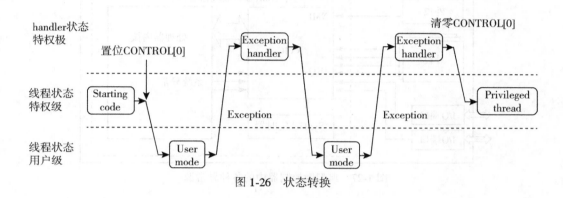

	特权级	用户级
异常handler的代码	handler模式	错误的用法
主应用程序的代码	线程模式	线程模式

图 1-25　Cortex-M4 的 2 个模式和 2 个权限等级

图 1-26　状态转换

　　而不管是任何原因产生了任何异常，处理器都将以特权级来运行其服务例程，异常返回后将回到产生异常之前的级别。

　　用户级变更为特权级的方式：用户级下的代码必须通过一个异常 handler，由那个异常 handler 来修改 CONTROL[0]，才能在返回到线程模式后拿到特权级。

1.6　异常、中断和向量表

1. 异常和中断简介

　　对于几乎所有的微控制器，中断都是一种常见的特性。中断一般是由硬件(如外设和外部输入引脚)产生的事件，它会引起程序流偏离正常的流程(如给外设提供服务)。当外设或硬件需要处理器的服务时，一般会出现下面的流程：

　　1)外设确认到处理器的中断请求；

　　2)处理器暂停当前执行的任务；

　　3)处理器执行外设的中断服务程序(ISR)，若有必要可以选择由软件清除中断请求；

　　4)处理器继续执行之前暂停的任务。

　　所有的 Cortex-M 处理器都会提供一个用于中断处理的嵌套向量中断控制器(NVIC)。除了中断请求，还有其他需要服务的事件，将其称为"异常"。按照 ARM 的说法，中断也是一种异常。Cortex-M 处理器中的其他异常包括错误异常和其他用于 OS 支持的系统异常

（如 SVC 指今），处理异常的程序代码一般被称作异常处理，它们属于已编译程序映像的一部分。

　　在典型的 Cortex-M4 微控制器中，NVIC 接收多个中断源产生的中断请求，如图 1-27 所示。

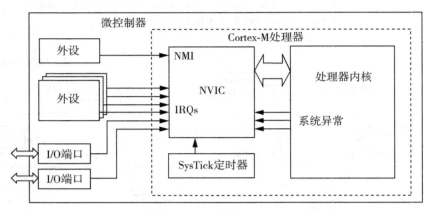

图 1-27　典型微控制器中的各种异常源

　　Cortex-M4 的 NV1C 持最多 240 个 IRQ（中断请求）、1 个不可屏蔽中断（NMI、1 个 SysTick（系统节拍）定时中断及多个系统异常。多数 IRQ 由定时器、I/O 端口和通信接口（如 UART 和 FC）等外设产生。NMI 通常由看门狗定时器或掉电检测器等外设产生，其余的异常则是来自处理器内核，中断还可以利用软件生成。

　　为了继续执行被中断的程序，异常流程需要利用一些手段来保存被中断程序的状态，这样在异常处理完成后还可以被恢复。一般来说，这个过程可以由硬件机制实现，也可由硬件和软件操作共同完成。对于 Cortex-M4 处理器，当异常被接受后，有些寄存器会被自动保存到栈中，而且也会在返回流程中自动恢复。利用这种机制，可以将异常处理写作普通的 C 函数，同时也不会带来额外的软件开销。

2. 异常类型

　　Cortex-M 处理器的异常架构具有多种特性，支持多个系统异常和外部中断。编号 1～15 的为系统异常，16 及以上的则为中断输入（处理器的输入，不必从封装上的 I/O 引脚上访问）。包括所有中断在内的多数异常，都具有可编程的优先级，一些系统异常则具有固定的优先级。

　　不同 Cortex-M4 微控制器的中断源的编号（1～240）可能会不同，优先级也可能会有所差异。这是因为为了满足不同的应用需求，芯片设计者可能会对 Cortex-M4 设计进行相应的配置。

　　异常类型 1～15 为系统异常，如表 1-22 所示。类型 16 及以上则为外部中断输入，如

表 1-23 所示。

表 1-22   **系统异常列表**

异常编号	异常类型	优先级	描　　述
1	复位	−3(最高)	复位
2	NMI	−2	不可屏蔽中断(外部 NMI 输入)
3	硬件错误	−1	所有的错误都可能会引发,前提是相应的错误处理未使能
4	MemManage 错误	可编程	存储器管理错误。存储器管理单元(MPU)冲突或访问非法位置
5	总线错误	可编程	总线错误。当高级高性能总线(AHB)接口收到从总线的错误相应时产生(若为取指也被称作预取终止,数据访问则为数据终止)
6	使用错误	可编程	程序错误或试图访问协处理器导致的错误(Cortex-M3 和 Cortex-M4 处理器不支持协处理器)
7~10	保留	NA	—
11	SVC	可编程	请求管理调用,一般用于 OS 环境且允许应用任务访问系统服务
12	调试监控	可编程	调试监控。在使用基于软件的调试方式时,断点和监视点等调试事件的异常
13	保留	NA	—
14	PendSV	可编程	可挂起的服务调用。OS 一般用该异常进行上下文切换
15	SYSTICK	可编程	系统节拍定时器。当其在处理器中存在时,由定时器外设产生。可用于 OS 或简单的定时器外设

表 1-23   **中断列表**

异常编号	异常类型	优先级	描述
16	外部中断#0	可编程	
17	外部中断#1	可编程	可由片上外设或外设中断源产生
…	…	…	
225	外部中断#239	可编程	

　　有一点需要注意,中断编号(如中断#0)表示到 Cortex-M3 处理器 NVIC 的中断输入。对于实际的微控制器产品或片上系统(SoC),外部中断输入引脚编号同 NVIC 的中新输入编号可能会不一致。例如,头几个中断输入可能会被分配给内部外设,而外部中断引脚则

可能会分到下几个中断输入，因此，需要检查芯片生产商的数据手册，以确定中断是如何编号的。

异常处理用于识别每个异常，而且在 ARMv7-M 架构中具有多种用途。例如，当前正在运行的异常的编号数值位于特殊寄存器中断程序状态寄存器（IPSR）中，或者 NVIC 中一个名为中断控制状态寄存器（VECTACTIVE 域）的寄存器。

对于使用 CMSIS-Core 的普通编程，中断标识由中断枚举实现，从数值 0 开始（代表中新#0）。如表 1-24 所示，系统异常的编号为负数。CMSIS-Core 还定义了系统异常处理的名称。

表 1-24 　　　　　　　　　　　　　**CMSIS-Core 异常定义**

异常编号	异常类型	CMSIS-Core 枚举（IRQn）	CMSIS-Core 枚举值	异常处理名
1	复位	—	—	Reset_Handler
2	NMI	NonMaskableInt_IRQn	−14	NMI_Handler
3	硬件错误	HardFault_IRQn	−13	HardFault_Handler
4	MemManage 错误	MemoryManagement_IRQn	−12	MemoryManage_Handler
5	总线错误	BusFault_IRQn	−11	BusFault_Handler
6	使用错误	UsageFault_IRQn	−10	UsageFault_Handler
11	SVC	SVCall_IRQn	−5	SVC_Handler
12	调试监控	DebugMonitor_IRQn	−4	DebugMon_Handler
14	PendSV	PendSV_IRQn	−2	PendSV_Handler
15	SYSTICK	SysTick_IRQn	−1	SysTick__Handler
16	中断#0	设备定义	0	设备定义
17	中断#1～#239	设备定义	1～239	设备定义

CMSIS-Core 访问函数之所以使用另外一种编号系统，是因为这样可以稍微提高部分 API 函数的效率（例如，设置优先级），中断的编号和枚举定义是同设备相关的，它们位于微控制器供应商提供的头文件中，在一个名为 1RQn 的 typedef 段中。CMSIS-Core 中的多个 NVIC 访问函数都会使用这种枚举定义。

3. 中断管理简介

Cortex-M 处理器具有多个用于中断和异常管理的可编程寄存器，这些寄存器多数位于 NVIC 和系统控制块（SCB）中，实际上，SCB 是作为 NVIC 的一部分实现的，不过 CMSIS Core 将其寄存器定义在了单独的结构体中。处理器内核中还有用于中断屏蔽的寄存器（如

PRIMASK. FAULTMASK 和 BASEPRID，为了简化中断和异常管理.CMSIS-Core 提供了多个访问函数。

NVIC 和 SCB 位于系统控制空间(SCS)，地址从 0xE000E000 开始，大小为 4KB。SCS 中还有 SysTick 定时器、存储器保护单元(MPU)以及用于调试的寄存器等。该地址区域中基本上所有的寄存器都只能由运行在特权访问等级的代码访问。唯一的例外为软件触发中断寄存器(STIR)，它可被设置为非特权模式访问。

对于一般的应用程序编程，最好是使用 CMSIS-Core 访问函数。例如，最常用的中断控制函数如表 1-25 所示。

表 1-25　　　　　　　　　　**常用的基本中断控制 CMSIS-Core**

函　　数	用法
Void NVIC_EnableIRQ(IRQn_Type IRQn)	使用外部中断
Void NVIC_DisableIRQ(IRQn_Type IRQn)	禁止外部中断
Void NVIC_SetPriority(IRQ_Type IRQn, uint32_t priority)	设置中断的优先级
Void_enable_irp(void)	清除 PRIMASK 使能中断
Void_disable_irp(void)	设置 PRIMASK 禁止所有中断
Void NVIC_SetPriorityGrouping(uint32_t priorityGroup)	设置优先级分组配置

如果有必要，还可以直接访问 NVIC 或 SCB 中的寄存器。不过，在将代码从 Cortex-M 处理器移植到另外一个不同的处理器时，这样会限制软件的可移植性(例如，在 ARMv6-M 和 ARM7-M 架构间切换)。

复位后，所有中断都处于禁止状态，且默认的优先级为 0。在使用任何一个中断之前，需要：设置所需中断的优先级(该步是可选的)。

使能外设中的可以触发中断的中断产生控制。使能 NVIC 中的中断，对于多数典型应用，这些处理就已经足够了，当触发中断时，对应的中断服务程序(ISR)会执行(可能需要在处理中清除外设产生的中断请求)。可以在启动代码中的向量表内找到 ISR 的名称，启动代码也是由微控制器供应商提供的。ISR 的名称需要同向量表使用的名称一致，这样链接器才能将 ISR 的起始地址放到向量表的正确位置中。

4. 向量表

当 Cortex-M 处理器接受了某异常请求后，处理器需要确定该异常处理(若为中断则是 ISR)的起始地址。该信息位于存储器内的向量表中，向量表默认从地址 0 开始，向量地址则为异常编号乘 4，如图 1-28 所示。向量表一般被定义在微控制器供应商提供的启动代码中。

启动代码中使用的向量表还包含主栈指针(MSP)的初始值，这种设计是很有必要的，

存储器地址 　　　　　　　　　　　　　　　　　　　 异常编号

存储器地址	向量内容	异常编号
	1	
	1	
0x0000004C	中断#3向量 1	19
0x00000048	中断#2向量 1	18
0x00000044	中断#1向量 1	17
0x00000040	中断#0向量 1	16
0x0000003C	SysTick向量 1	15
0x00000038	PendSV向量 1	14
0x00000034	未使用	13
0x00000030	调试监控向量 1	12
0x0000002C	SVC向量 1	11
0x00000028	未使用	10
0x00000024	未使用	9
0x00000020	未使用	8
0x0000001C	未使用	7
0x00000018	使用错误向量 1	6
0x00000014	总线错误向量 1	5
0x00000010	MemManage向量 1	4
0x0000000C	HardFault向量 1	3
0x00000008	NM1向量 1	2
0x00000004	复位向量 1	1
0x00000000	MSP初始值	0

备注：向量的LSB必须置1以
表示Thumb状态

图 1-28　向量表

因为 NMI 等异常可能会紧接着复位产生，而且此时还没有进行任何初始化操作。

需要注意的是．Cortex-M 处理器中的向量表和 ARM7TDMI 等传统的 ARM 处理器的向量表不同。对于传统的 ARM 处理器，向量表中存在跳转到相应处理的指令，而 Cortex-M 处理器的向量表则为异常处理的起始地址。

一般来说，起始地址(0x00000000)处应为启动存储器，它可以为 Flash 存储器或 ROM 设备，而且在运行时不能对它们进行修改。不过，有些应用可能需要在运行时修改或定义向量表，为了进行这种处理．Cortex-M3 和 Cortex-M4 处理器实现了一种名为向量表重定位的特性。

向量表重定位特性提供了一个名为向量表偏移寄存器(VTOR)的可编程寄存器。该寄存器将正在使用的存储器的起始地址定义为向量表，注意，该寄存器在 Cortex M3 的版本 r2p0 和 r2p1 间稍微有些不同。对于 Cortex-M3 r2p0 或之前版本，向量表只能位于 CODE 和 SRAM 区域，而这个限制在 Cortex-M3 r2p1 和 Cortex-M4 中已经不存在了。

VTOR 的复位值为 0. 若使用符合 CMSIS 的设备驱动库进行应用编程，可以通过

SCB->VTOR 访问该寄存器。要将向量表重定位到 SRAM 区域的开头处，可以使用下面的代码：

复制向量表到 SRAM 开头处(0x20000000)的代码实例

　　//注意，下面的存储器屏障指令的使用是基于架构建议的，

　　//Cortex-M3 和 Cortex-M4 并非强制要求

//字访问的宏定义

#define HW32_REG(ADDRESS)(＊((volatile unsigned long ＊)(ADDRESS)))

#define VTOR_NEM ADDR 0x20000000

int i;　　　//循环变量

　　　　　//在设置 VTOR 前首先将向量表复制到 SRAM

for(i=0；i<48；i++){//假定异常的最大数量为 48

　　　　//将每个向量表人口从 Flash 复制到 SRAM

　　　　HW32_REG((VTOR_NEW_ADDR+(i<<2)))=HW32_REG((i<<2));

}

_DMB)；//数据存储器屏障，确保到存储器的写操作结束

SCB->VTOR＝VTOR_NEW_ADDR；//将 VTOR 设置为新的向量表位置

_DSB()；//数据同步屏障，确保接下来的所有指令都使用新配置

在使用 VTOR 时，需要将向量表大小扩展为下一个 2 的整数次方，且新向量表的基地址必须要对齐到这个数值。

1.7　存储器映射

Cortex-M 处理器的 4GB 地址空间被分为了多个存储器区域：

1)程序代码访问(如 CODE 区域)；

2)数据访问(如 SRAM 区域)；

3)外设(如外设区域)；

4)处理器的内部控制和调试部件。

这样的架构具有很大的灵活性，存储器区域可用于其他目的(程序既可以在 CODE 区域里执行，也可以在 SRAM 区域执行，并且微控制器也可以在 CODE 区域加入 SRAM 块)。

实际上，微控制器设备只会使用每个区域的一小部分作为程序的 Flash、SRAM 和外设，有些区域可能不会用到。

所有 Cortex-M 处理器的存储器映射处理都是一样的，如图 1-29 所示。比如 PPB 地址区域中存在嵌套向量中断控制器(NVIC)的寄存器、处理器配置寄存器以及调试部件的寄存器等(这样做提高不同 Cortex-M 设备间的软件可移植性和代码可重用性)。

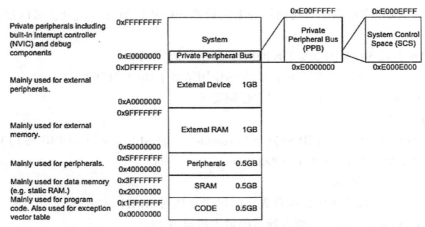

图 1-29　存储器映射

1.8　调试支持（DBG）

处理器内核中存在多个调试控制寄存器，如表 1-26 所示。它们提供了对多种调试操作的控制，其中包括暂停、继续、单步、调试监控异常的配置以及向量捕捉特性等。

表 1-26　　　　　　　　　　　　　　Cortex-M4 中的内核调试寄存器

地址	名称	类型	复位值
0xE000EDF0	调试暂停控制状态寄存器（DHCSR）	R/W	0x00000000
0xE000EDF4	调试暂停控制状态寄存器（DHCSR）	W	—
0xE000EDF8	调试异常和监控控制寄存器（DEMCR）	R/W	—
0xE000EDFC	调试异常和监控控制寄存器（DEMCR）	R/W	0x00000000

DHCSR 的细节如表 1-27 所示。注意，对于 DHCSR，第 5、3、2 和 0 位只能被上电复位清除，第 1 位可被上电复位（冷复位）和系统复位（包括利用 SCB > AIRCR 的 VECTRESET）清除。

表 1-27　　　　调试暂停控制和状态寄存器（CoreDebug->DHCSR，0xE000EDF0）

位	名称	类型	复位值	描　　述
31：26	KEY	W	—	调试键值。写寄存器时该域要为 0xA05F，否则写操作会被忽略
25	S_RESET_ST	R	—	内核已复位或正在复位，该位读出清零

位	名称	类型	复位值	描 述
24	S_RETIRE_ST	R	—	由于上次读操作，指令已经完成，该位读出清零
19	S_LOCKUP	R	—	该位置1时，内核处于锁定状态
18	S_SLEEP	R	—	该位置1时，内核处于休眠模式
17	S_HALT	R	—	该位置1时，内核处于暂停状态
16	S_REGRDY	R	—	寄存器读/写操作已完成
15：6	保留	—		保留
5	C_SNAPSTALL	R/W	0 *	破坏已延迟的存储器访问
4	保留	—		保留
3	C_MASKINTS	R/W	0 *	步进时屏蔽中断，在处理器暂停时才能修改
2	C_STEP	R/W	0 *	单步运行处理器，只有 C_DEBUGEN 置位时有效
1	C_HALT	R/W	0 *	暂停处理器内核，只有 C_DEBUGEN 置位时有效
0	C_DEBUGEN	R/W	0 *	使能暂停调试

要进入暂停模式，调试暂停控制和状态寄存器(DHCSR)中的 C_DEBUGEN 位必须得置位。该位只能由调试器(通过调试访问端口，DAP)编程，因此若不借助调试器，Cortex-M4 处理器是无法被暂停的。在 C_DEBUGEN 置位后，可以通过设置 DHCSR 中的 C_HALT 来暂停内核，调试器或处理器自身运行的软件都可以将该位置 1。

DHCSR 的读操作和写操作的位域定义是不同的。写操作需要在 31～16 位设置调试键值，而读操作则不需要调试键值，而且返回值的高半字中包含状态位，如表 1-27 所示。

一般情况下，DHCSR 只能被调试器访问。为了避免引起调试器工具的问题，应用代码不应修改 DHCSR 的内容。

DEMCR 的细节如表 1-28 所示。注意，对于 DEMCR，16～19 位可由系统复位及上电复位清除，其他位只能被上电复位清除。

表 1-28 调试异常和监控控制寄存器(CoreDebug->DEMCR，0xE000EDFC)

位	名称	类型	复位值	描 述
24	TRCENA	R/W	0 *	跟踪系统使能。要使用 DWT.ETM、ITM 和 TPIU，该位需要置1
23：20	保留	—		保留
19	MON_REQ	R/W	0	表示调试监控由手动挂起请求引起，而不是硬件调试事件

位	名称	类型	复位值	描　述
18	MON_STEP	R/W	0	单步运行处理器, 只在 MON_EN 置位时有效
17	MON_PEND	R/W	0	挂起调试异常请求, 优先级允许时内核会进入监控异常
16	MON_ EN	R/W	0	使能调试监控异常
15：11	保留	—	—	保留
10	VC_HARDERR	R/W	0 *	硬件错误的调试陷阱
9	VC_INTERR	R/W	0 *	中断/异常服务错误的调试陷阱
8	VC_BUSERR	R/W	0 *	总线错误的调试陷阱
7	VC_STATERR	R/W	0 *	使用错误的调试陷阱
6	VC_CHKERR	R/W	0 *	使用错误使能时错误检查的调试陷阱(如非对齐, 被 0 除)
5	VC_NOCPERR	R/W	0 *	使用错误的调试陷阱, 无协处理器错误
4	VC_MMERR	R/W	0 *	存储器管理错误的调试陷阱
3：1	保留	—	—	保留
0	VC_CORERESET	R/W	0 *	内核复位的调试陷阱

　　DEMCR 寄存器用于控制向量捕捉特性、调试监控异常以及跟踪子系统的使能。在使用任何跟踪特性(如指令跟踪、数据跟踪)或访问任何跟踪部件(如 DWT、ITM、ETM 和 TPIU)前, TRCENA 位必须为 1。

　　另外两个寄存器提供了对处理器内寄存器的访问, 它们为调试内核寄存器选择寄存器(DCRSR)和调试内核寄存器数据寄存器(DCRDR), 如表 1-29 和表 1-30 所示。只有处理器暂停时才能使用寄存器传输特性。对于调试监控模式调试, 调试代理代码可以用软件访问所有的寄存器。

表 1-29　　调试内核寄存器选择寄存器(CoreDebug->DCRSR, 0xE000EDF4)

位	名称	类型	复位值	描　述
16	REGWnR	W	—	数据传输方向: 写=1, 读=0
15：5	保留	—	—	

续表

位	名称	类型	复位值	描 述
4:0	REGSEL	W	—	要访问的寄存器: 00000 = R0 00001 = R1 … 01111 = R15 10000 = xPSR/标志 10001 = 主栈指针(MSP) 10010 = 进程栈指针(PSP) 10100 = 特殊寄存器: [31:24] Control [23:16] FAULTMASK [15:8] BASEPRI [7:0] PRIMASK 0100001 = 浮点状态和控制寄存(FPSCR) 1000000 = 浮点寄存器 S0 … 1011111 = 浮点寄存器 S31 其他值保留

表 1-30　　　调试内核寄存器数据寄存器(CoreDebug->DCRDR, 0xE000EDF8)

位	名称	类型	复位值	描述
31:0	数据	R/W	—	存放读寄存器结果或写入选择寄存器数值的数据寄存器

要使用这些寄存器读取寄存器内容，应该遵循以下步骤：

1)确认处理器已暂停；

2)写 DCRSR 寄存器，第 16 位为 0 表示这是一次读操作；

3)等待 DHCSR(0xE000EDF0)中的 S REGRDY 位置 1；

4)读取 DCRDR 获得寄存器内容。

写寄存器的操作也类似：

1)确认处理器已暂停；

2)将数据值写入 DCRDR；

3)写 DCRSR 寄存器，第 16 位为 1 表示这是一次写操作；

4)等待 DHCSR(0xE000EDF0)中的 S REGRDY 位置 1。

DCRSR 和 DCRDR 寄存器只能在暂停模式调试期间传送寄存器的数值，若利用调试监控处理进行调试，可以从栈空间访问一些寄存器的内容，其他的则可以直接在监控异常处理中访问。

若有合适的雨数库和调试器，DCRDR 还可用于半主机。例如，若应用执行了一条printi 语句，则可用多个 putc（字符输出）函数调用来实现消息的输出。putc 函数将输出字符和状态存储在 DCRDR 后触发调试模式，调试器随后可以检测到内核暂停并在收集输出字符后显示。不过，这个操作需要暂停内核。而利用 ITM（参见 18.2 节）的 printf 方案则没有这个限制。

Cortex-M4 处理器中还有支持调试操作的其他多个特性：

1）外部调试请求信号。处理器提供的一个外部调试请求信号。Cortex-M4 处理器可以利用这个信号，通过多处理器系统中其他处理器的调试状态等外部事件来进入调试模式。该特性尤其适用于多处理器系统，而对于简单的微控制器，该信号可能会被连接至低电平。

2）调试重启接口。处理器提供的一个硬件握手信号接口，处理器可以利用其他的片上硬件解除暂停。该特性一般用于多处理器系统中调试状态的同步，而单处理器系统中的握手信号则一般不会使用。

3）DFSR。由于 Cortex-M4 处理器中存在多个调试事件，调试器需要使用 DFSR（调试错误状态寄存器）确定产生的是哪个调试事件。

4）复位控制。在调试期间，可以利用应用中断和复位控制寄存器（0xE000ED0C）中的 SYSRESETREQ 控制位来重启处理器内核。利用该复位控制寄存器，无须影响系统中的调试部件，可以将处理器复位。

5）中断屏蔽。单步调试期间很有用的特性。例如，若在单步调试时不想进入中断复位程序，则可以将该中断请求屏蔽，此时，需要设置 DHCSR（0xE000EDF0）中的 C_MASKINTS 位（见表 1-27）。

6）搁置总线传输终止。若总线传输被搁置了很长时间，调试器可以利用一个调试控制寄存器终止该传输，此时，需要设置 DHCSR（0xE000EDF0）中的 C_SNAPSTALL 位。该特性只能在暂停期间由调试器使用（见表 1-27）。

第 2 章　STM32F4 系列处理器概述

2.1　基于 Cortex-M4 内核的 STM32F4 微控制器简介

在微控制器市场，基于 ARM Cortex-M 的微处理器近年来一直处于高速增长的状态中，根据 Smicast Research 在 2011 年 4 月的报告，2010 年全部 Cortex-M MCU 出货量达到 1.44 亿片。而随着时间的演进，32 位的 MCU 产品的应用也开始愈加普遍。其中意法半导体（STMicroelectronics，简称 ST）的 STM32 系列 MCU 一直有着相当不错的表现，ARM Cortex-M 出货量统计报告显示，从 2007 年到 2011 年第一季度，STM32 系列 MCU 的出货量约占其中的 45%。也就是说，在售出的基于 Cortex-M 内核微控制器中，几乎每两颗中就有一颗是 STM32。

为了进一步巩固公司在 32 位 MCU 市场的领先地位，意法半导体近期再次重磅推出了全新的 STM32 F4 系列高性能微控制器产品。作为 STM32 平台的新产品，STM32 F4 系列基于最新的 ARM Cortex-M4 内核，在现有的 STM32 微控制器产品组合中新增了信号处理功能，并提高了运行速度。

意法半导体现有的 STM32 产品适合各种应用领域，包括医疗服务、销售终端设备（POS）、建筑安全系统和工厂自动化、家庭娱乐等。此外，意法半导体正在利用新的 STM32 F4 系列进一步拓宽应用范围。STM32 F4 的单周期 DSP 指令将会催生数字信号控制器（DSC）市场，数字信号控制器适用于高端电机控制、医疗设备和安全系统等应用，这些应用在计算能力和 DSP 指令方面有很高的要求。新的 STM32 F4 系列的引脚和软件完全兼容 STM32 F2 系列，如果 STM32 F2 系列的用户想要更大 SRAM 容量、更高的性能和更快速的外设接口，则可轻松地从 F2 升级到 F4 系列。此外，目前采用微控制器和数字信号处理器双片解决方案的客户可以选择 STM32 F4，其在一个芯片中整合了传统两个芯片的特性。除引脚和软件兼容高性能的 F2 系列外，F4 的主频（168MHz）高于 F2 系列（120MHz），并支持单周期 DSP 指令和浮点单元、更大的 SRAM 容量（192KB，F2 是 128KB）、512KB~1MB 的嵌入式闪存以及影像、网络接口和数据加密等更先进的外设。意法半导体的 90nm CMOS 制造技术和芯片集成的 ST 实时自适应"ART 加速器"实现了领先的零等待状态下程序运行性能（168MHz）和最佳的动态功耗。

据悉，STM32 F4 系列共有 4 款产品，分别为 STM32F405、STM32F407、STM32F415 和 STM32F417。所有产品均已投入量产。其中，STM32F405 集成了定时器、3 个 ADC、

2 个 DAC、串行接口、外存接口、实时时钟、CRC 计算单元和模拟真随机数发生器在内的整套先进外设，并额外内置一个 USB OTG 全速/高速接口。产品采用 4 种封装（WLCSP64、LQFP64、LQFP100、LQFP144），内置多达 1MB 闪存。STM32F407 在 STM32F405 产品基础上增加了多个先进外设：第 2 个 USB OTG 接口（仅全速）；1 个支持 MII 和 RMII 的 10/100M 以太网接口，硬件支持 IEEE1588 V2 协议；1 个 8-14 位并行相机接口，可以连接一个 CMOS 传感器，传输速率最高支持 67.2Mbyte/s。产品采用 4 种封装（LQFP100、LQFP144、LQFP/BGA176），内置 512KB 到 1MB 的闪存。STM32F415 和 STM32F417 在 STM32F405 和 STM32F407 基础上增加一个硬件加密/哈希处理器。此处理器包含 AES 128、192、256、Triple DES、HASH（MD5、SHA-1）算法硬件加速器，处理性能十分出色，例如，AES-256 加密速度最高达到 149.33Mbytes/s。

意法半导体还为客户提供了广泛的工具和软件支持，其中既包括 349 美元的 STM3240G-EVAL 评估版，可以协助客户评估产品的全部特性，也包括 14.9 美元的 STM32 F4 体验套件（STM32F4DISCOVERY）用于快捷的产品评估和样机制作。此外，STM32 和 ARM 软件生态系统中还有众多开发环境可供客户选择。

意法半导体公司副总裁兼微控制器、存储器和安全微控制器产品部总经理 Claude Dardanne 表示："STM32 F4 系列引起市场关注有多方面的原因，其中最直接的原因为该系列是迄今性能最高的 Cortex-M 微控制器，且已上市。意法半导体量产的 STM32 微控制器平台拥有 250 余种兼容产品、业界最好的应用开发生态系统、以及出色的功耗和整体功能。F4 系列是 STM32 产品家族的顶级产品，目前，意法半导体的 Cortex-M 微控制器共有 4 个产品系列：STM32 F1 系列、STM32 F2 系列和 STM32 L1 系列，这三个系列均基于 Cortex-M3 内核；新的 F4 系列基于 Cortex-M4 内核。"

ARM 公司市场执行副总裁 Lance Howarth 表示："意法半导体引入 ARM Cortex-M4 内核到其强大的微控制器产品平台，此决策证明，该内核具有功耗低、设计先进和集成数字信号控制器的特性。现在意法半导体拥有业界最广泛的基于 ARM Cortex-M 系列内核的产品组合，Cortex-M 系列是市场增长最快的微控制器架构，STM32 F4 系列微控制器无疑将促进设备厂商在各种应用领域应用基于 ARM 架构的产品。"

F4 系列技术优势如下：

● 采用多达 7 重 AHB 总线矩阵和多通道 DMA 控制器，支持程序执行和数据传输并行处理，数据传输速率极快；

● 内置的单精度 FPU 提升控制算法的执行速度，给目标应用增加更多功能，提高代码执行效率，缩短研发周期，减少了定点算法的缩放比和饱和负荷，且准许使用元语言工具；

● 高集成度：最高 1MB 片上闪存，192KB SRAM，复位电路，内部 RC 振荡器、PLL 锁相环、低于 1μA 的实时时钟（误差低于 1 秒）；

● 在电池或者较低电压供电的应用中，且要求高性能处理和低功耗运行，STM32 F4 为此带来了更多的灵活性，以达到高性能和低功耗的目的；包括在待机或电池备用模式下，4KB 备份 SRAM 数据被保存；在 Vbat 模式下实时时钟功耗小于 1μA；内置可调节稳

压器,准许用户选择高性能或低功耗工作模式;

● 出色的开发工具和软件生态系统:提供各种集成开发环境、元语言工具、DSP 固件库、低价入门工具、软件库和协议栈。

● 优越的和具有创新性的外设:

—— 互联性:相机接口、加密/哈希硬件处理器、支持 IEEE 1588 v2 10/100M 以太网接口、2 个 USB OTG(其中 1 个支持高速模式);

—— 音频:音频专用锁相环和 2 个全双工 I2S;

—— 最多 15 个通信接口(包括 6 个 10.5Mbit/s 的 USART、3 个 42Mbit/s 的 SPI、3 个 I2C、2 个 CAN、1 个 SDIO);

—— 模拟外设:2 个 12 位 DAC;3 个 12 位 ADC,采样速率达到 2.4MSPS,在交替模式下达到 7.2MSPS;

—— 最多 17 个定时器:16 位和 32 位定时器,最高频率 168MHz。

2.2 STM32F4 微控制器的系统结构

1. 系统架构

主系统由 32 位多层 AHB 总线矩阵构成,可实现以下部分的互连:

● 八条主控总线:

—— Cortex™-M4F 内核 I 总线、D 总线和 S 总线

—— DMA1 存储器总线

—— DMA2 存储器总线

—— DMA2 外设总线

—— 以太网 DMA 总线

—— USB OTG HS DMA 总线

● 七条被控总线:

—— 内部 Flash ICode 总线

—— 内部 Flash DCode 总线

—— 主要内部 SRAM1 (112KB)

—— 辅助内部 SRAM2 (16KB)

—— 辅助内部 SRAM3 (64KB)(仅适用于 STM32F42xxx 和 STM32F43xxx 器件)

—— AHB1 外设(包括 AHB-APB 总线桥和 APB 外设)

—— AHB2 外设

—— FSMC

借助总线矩阵,可以实现主控总线到被控总线的访问,这样即使在多个高速外设同时运行期间,系统也可以实现并发访问和高效运行。

注意：64 KB CCM(内核耦合存储器)数据 RAM 不属于总线矩阵，只能通过 CPU 对其进行访问。

2. 总线架构图

如图 2-1 所示。

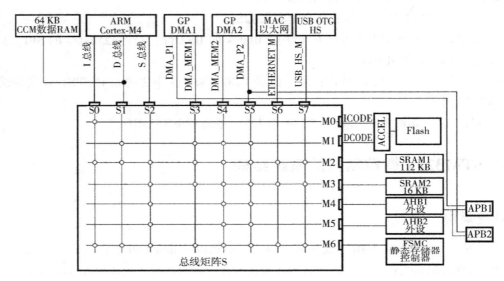

图 2-1　总线架构图

S0：I 总线

此总线用于将 Cortex™-M4F 内核的指令总线连接到总线矩阵。内核通过此总线获取指令。此总线访问的对象是包含代码的存储器(内部 Flash/SRAM 或通过 FSMC 的外部存储器)。

S1：D 总线

此总线用于将 Cortex™-M4F 数据总线和 64 KB CCM 数据 RAM 连接到总线矩阵。内核通过此总线进行立即数加载和调试访问。此总线访问的对象是包含代码或数据的存储器(内部 Flash 或通过 FSMC 的外部存储器)。

S2：S 总线

此总线用于将 Cortex™-M4F 内核的系统总线连接到总线矩阵。此总线用于访问位于外设或 SRAM 中的数据。也可通过此总线获取指令(效率低于 ICode)。此总线访问的对象是 112 KB、64 KB 和 16 KB 的内部 SRAM、包括 APB 外设在内的 AHB1 外设、AHB2 外设以及通过 FSMC 的外部存储器。

S3、S4：DMA 存储器总线

此总线用于将 DMA 存储器总线主接口连接到总线矩阵。DMA 通过此总线来执行存储器数据的传入和传出。此总线访问的对象是数据存储器：内部 SRAM(112 KB、64 KB、

16 KB)以及通过 FSMC 的外部存储器。

S5：DMA 外设总线

此总线用于将 DMA 外设主总线接口连接到总线矩阵。DMA 通过此总线访问 AHB 外设或执行存储器间的数据传输。此总线访问的对象是 AHB 和 APB 外设以及数据存储器：内部 SRAM 以及通过 FSMC 的外部存储器。

S6：以太网 DMA 总线

此总线用于将以太网 DMA 主接口连接到总线矩阵。以太网 DMA 通过此总线向存储器存取数据。此总线访问的对象是数据存储器：内部 SRAM(112 KB、64 KB 和 16 KB)以及通过 FSMC 的外部存储器。

S7：USB OTG HS DMA 总线

此总线用于将 USB OTG HS DMA 主接口连接到总线矩阵。USB OTG DMA 通过此总线向存储器加载/存储数据。此总线访问的对象是数据存储器：内部 SRAM(112 KB、64 KB 和 16 KB)以及通过 FSMC 的外部存储器。

总线矩阵：总线矩阵用于主控总线之间的访问仲裁管理。仲裁采用循环调度算法。

AHB/APB 总线桥(APB)：

借助两个 AHB/APB 总线桥 APB1 和 APB2，可在 AHB 总线与两个 APB 总线之间实现完全同步的连接，从而灵活选择外设频率。

每次芯片复位后，所有外设时钟都被关闭(SRAM 和 Flash 接口除外)。使用外设前，必须在 RCC_AHBxENR 或 RCC_APBxENR 寄存器中使能其时钟。

注意：对 APB 寄存器执行 16 位或 8 位访问时，该访问将转换为 32 位访问：总线桥将 16 位或 8 位数据复制后提供给 32 位向量。

2.3　STM32F4 微控制器的存储器结构与映射

1. 存储器结构

程序存储器、数据存储器、寄存器和 I/O 端口排列在同一个顺序的 4GB 地址空间内。

各字节按小端格式在存储器中编码。字中编号最低的字节被视为该字的最低有效字节，而编号最高的字节被视为最高有效字节。

可寻址的存储空间分为 8 个主要块，每个块为 512MB。

未分配给片上存储器和外设的所有存储区域均视为"保留区"。

2. 存储器映射

存储器本身不具有地址信息，它的地址是由芯片厂商或用户分配，给存储器分配地址的过程就称为存储器映射，具体如图 2-2 所示。如果给存储器再分配一个地址就叫存储器重映射。

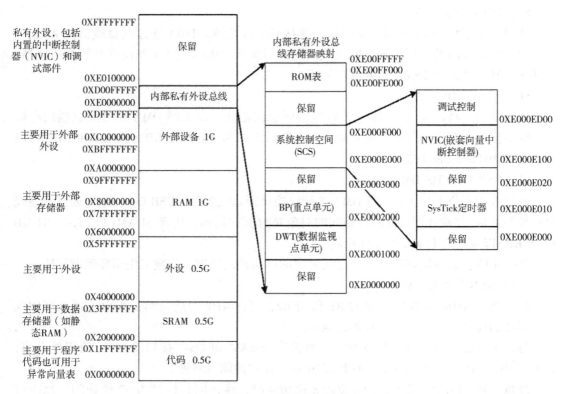

图 2-2 存储器映射

在这 4GB 的地址空间中，ARM 已经粗线条的平均分成了 8 个块，每块 512MB，每个块也都规定了用途，具体分类如表 2-1 所示。每个块的大小都有 512MB，显然这是非常大的，芯片厂商在每个块的范围内设计各具特色的外设时并不一定都用得完，都是只用了其中的一部分而已。

表 2-1   8 个 Block

序号	用途	地址范围
Block 0	SRAM	0x0000 0000 ~ 0x1FFF FFFF（512MB）
Block 1	SRAM	0x0000 0000 ~ 0x3FFF FFFF（512MB）
Block 2	片上外设	0x0000 0000 ~ 0x5FFF FFFF（512MB）
Block 3	FM 的 bank1 ~ bank2	0x0000 0000 ~ 0x7FFF FFFF（512MB）
Block 4	FM 的 bank3 ~ bank4	0x0000 0000 ~ 0x9FFF FFFF（512MB）

续表

序号	用途	地址范围
Block 5	FMC	0x0000 0000~0xCFFF FFFF(512MB)
Block 6	FMC	0x0000 0000~0xDFFF FFFF(512MB)
Block 7	Cortex-M4 内部外设	0x0000 0000~0xFFFF FFFF(512MB)

在这 8 个 Block 里面，有 3 个块非常重要，也是我们最关心的 3 个块。Boock0 用来设计成内部 FLASH，Block1 用来设计成内部 RAM，Block2 用来设计成片上的外设，下面我们简单的介绍下这三个 Block 里面的具体区域的功能划分。

（1）存储器 Block0 内部区域功能划分

Block0 主要用于设计片内的 FLASH，F429 系列片内部 FLASH 最大是 2MB，STM32F429IGT6 的 FLASH 是 1MB。如表 2-2 所示。

表 2-2   存储器 **Block0** 内部区域功能划分

块	用途说明	地址范围
Block0	预留	0x1FFF C008~0x1FFF FFFF
	OTP 区域；其中 512 个字节只能写一次，用于存储用户数据，额外的 16 个字节用于锁定对应的 OTP 数据块。	0x1FFF C000~0x1FFF C00F
	预留	0x1FFF 7A10~0x1FFF 7FFF
	系统存储器；里面存的是 ST 出厂时烧写好的 isp 自举程序，用户无法改动。串口下载的时候需要用到这部分程序。	0x1FFF 0000~0x1FFF 7A0F
	预留	0x1FFE C008~0x1FFE FFFF
	选项字节：用于配置读写保护、BOR 级别、软件/硬件看门狗以及器件处于待机或者停止模式下的复位，当芯片不小心被锁住之后，我们可以从 RAM 里面启动来修改这部分相应的寄存器位。	0x1FFE C000~0x1FFE C0FF
	预留	0x1001 0000~0x1FFE BFFF
	CCM 数据 RAM：64K，CPU 直接通过 D 总线读取，不用经过总线矩阵，属于高速的 RAM。	0x1000 0000~0x1000 FFFF
	预留	0x0820 0000~0x000F FFFF
	FLASH：我们的程序就放在这里。	0x0800 0000~0x081F FFFF (2MB)

续表

块	用途说明	地址范围
	预留	0x0020 0000~0x07FF FFFF
	取决于 BOOT 引脚，为 FLASH、系统存储器、SARM 的别名。	0x0000 0000~0x001F FFFF

（2）储存器 Block1 内部区域功能划分

Block1 用于设计片内的 SRAM。F429 内部 SRAM 的大小为 256KB，其中 64KB 的 CCM RAM 位于 Block0，剩下的 192KB 位于 Block1，分 SRAM1 112KB，SRAM2 16KB，SRAM3 64KB，Block 内部区域的功能划分具体如表 2-3 所示。

表 2-3　　　　　　　　　　　　**储存器 Block1 内部区域功能划分**

块	用途说明	地址范围
	预留	0x2003 0000~0x3FFF FFFF
Block1	SRAM3 64KB	0x2002 0000~0x2002 FFFF
	SRAM2 64KB	0x2001 0000~0x2001 FFFF
	SRAM1 64KB	0x2000 0000~0x2001 BFFF

（3）储存器 Block2 内部区域功能划分

Block2 用于设计片内的外设，根据外设的总线速度不同，Block 被分成了 APB 和 AHB 两部分，其中 APB 又被分为 APB1 和 APB2，AHB 分为 AHB1 和 AHB2，具体如表 2-4 所示。还有一个 AHB3 包含了 Block3/4/5/6，这四个 Block 用于扩展外部存储器，如 SDRAM、NORFLASH 和 NANDFLASH 等。

表 2-4　　　　　　　　　　　　**储存器 Block2 内部区域功能划分**

块	用途说明	地址范围
	APB1 总线外设	0x4000 0000~0x4000 7FFF
	预留	0x4000 8000~0x4000 FFFF
	APB2 总线外设	0x4001 0000~0x4001 6BFF
	预留	0x4001 6C00~0x4001 FFFF
Block2	AHB1 总线外设	0x4002 0000~0x4007 FFFF
	预留	0x4008 0000~0x4FFF FFFF
	AHB2 总线外设	0x5000 0000~0x5006 0BFF
	预留	0x4006 0C00~0x5FFF FFFF

2.4　STM32F4 微控制器的嵌入式闪存

Flash 具有以下主要特性：

1）对于 STM32F40x 和 STM32F41x，容量高达 1MB；对于 STM32F42x 和 STM32F43x，容量高达 2MB。

2）128 位宽数据读取。

3）字节、半字、字和双字数据写入。

4）扇区擦除与全部擦除。

5）存储器组织结构。

Flash 结构如下：

主存储器块，分为 4 个 16KB 扇区、1 个 64KB 扇区和 7 个 128KB 扇区。

系统存储器，器件在系统存储器自举模式下从该存储器启动。

512 字节 OTP（一次性可编程），用于存储用户数据。

OTP 区域还有 16 个额外字节，用于锁定对应的 OTP 数据块。

选项字节，用于配置读写保护、BOR 级别、软件/硬件看门狗以及器件处于待机或停止模式下的复位。如表 2-5 和表 2-6 所示。

6）低功耗模式。

表 2-5　　　　　　　　　**Flash 模块构成（STM32F40x 和 STM32F41x）**

块	名称	块基址	大小
	扇区 0	0x0800 0000-0x0800 3FFF	16KB
	扇区 1	0x0800 4000-0x0800 7FFF	16KB
	扇区 2	0x0800 8000-0x0800 BFFF	16KB
	扇区 3	0x0800 C000-0x0800 FFFF	16KB
主存储器	扇区 4	0x0801 0000-0x0801 FFFF	64KB
	扇区 5	0x0802 0000-0x0803 FFFF	128KB
	扇区 6	0x0804 0000-0x0805 FFFF	128KB
	—	—	—
	—	—	—
	—	—	—
	扇区 11	0x080E 0000-0x080F FFFF	128KB
系统存储器		0x1FFF 0000-0x1FFF 77FF	30KB
OTP 区域		0x1FFF 7800-0x1FFF 7A0F	528 字节
选项字节		0x1FFF C000-0x1FFF C00F	16 字节

表 2-6　　　　　　　　　　**Flash 构成（STM32F42x 和 STM32F43x）**

块	名称	块基址	大小
主存储器	扇区 0	0x0800 0000-0x0800 3FFF	16KB
	扇区 1	0x0800 4000-0x0800 7FFF	16KB
	扇区 2	0x0800 8000-0x0800 BFFF	16KB
	扇区 3	0x0800 C000-0x0800 FFFF	16KB
	扇区 4	0x0801 0000-0x0801 FFFF	64KB
	扇区 5	0x0802 0000-0x0803 FFFF	128KB
	扇区 6	0x0804 0000-0x0805 FFFF	128KB
	—	—	—
	—	—	—
	—	—	—
	扇区 11	0x080E 0000-0x080F FFFF	128KB
	扇区 12	0x0810 0000-0x0810 3FFF	16KB
	扇区 13	0x0810 4000-0x0800 7FFF	16KB
	扇区 14	0x0810 8000-0x0800 BFFF	16KB
	扇区 15	0x0810 C000-0x0810 FFFF	16KB
	扇区 16	0x0811 0000-0x0811 FFFF	64KB
	扇区 17	0x0812 0000-0x0813 FFFF	128KB
	扇区 18	0x0814 0000-0x0815 FFFF	128KB
	—	—	—
	—	—	—
	—	—	—
	扇区 23	0x081E 0000-0x081F FFFF	128KB
系统存储器		0x1FFF 0000-0x1FFF 77FF	30KB
OTP 区域		0x1FFF 7800-0x1FFF 7A0F	528 字节
选项字节		0x1FFF C000-0x1FFF C00F	16 字节
		0x1FFF C000-0x1FFE C007	16 字节

2.5　STM32F4 微控制器的启动配置

STM32 支持多种启动模式，这里进行简单介绍。

1）STM32 的启动模式由芯片的启动引脚 BOOT0 和 BOOT1 决定：MCU 在上电时会读取 BOOT0 和 BOOT1 引脚的电平状态并锁存，系统根据电平状态来从选择启动方式（注意：这里说的启动是指正常的上电，当我们采用 jlink/jtag 进行程序烧写或调试时，MCU 会会忽略引脚状态）。下面是官方使用指南的说明：

表 2-7　　　　　　　　　　　　　　　　多种启动模式

启动模式选择引脚		启动模式	说明
BOOT1	BOOT0		
X	0	主闪存存储器	主闪存存储器被选为启动区域
0	1	系统存储器	系统存储器被选为启动区域
1	1	内置 SRAM	内置 SRAM 被选为启动区域

2）STM32 三种启动模式对应的物理存储介质均是芯片内置的，它们是：

a. 主闪存存储器=芯片内置的 Flash。

b. 系统存储器＝芯片内部一块特定的区域，芯片出厂时在这个区域预置了一段 Bootloader，就是通常说的 ISP 程序。这个区域的内容在芯片出厂后用户无法进行读写操作。

c. SRAM=芯片内置的 RAM 区，具有掉电丢失性。

3）三种启动方式对比：

a. 主闪存存储器：最常用的方式，程序掉电不丢失，因此当我们确定工程完全达到使用要求后，一般是将文件烧写到 flash 中。

b. 系统存储器启动：这种模式启动的程序功能是由厂家设置的。一般来说，这种启动方式用的比较少。一般来说，我们选用这种启动模式时，是为了从串口（或是其他类似方式）下载程序，因为在厂家提供的 BootLoader 中，提供了串口下载程序的固件，可以通过这个 BootLoader 将程序下载到系统的 Flash 中。但是这个下载方式需要以下步骤：

Step1：将 BOOT0 设置为 1，BOOT1 设置为 0，然后按下复位键，这样才能从系统存储器启动 BootLoader。

Step2：最后在 BootLoader 的帮助下，通过串口下载程序到 Flash 中。

Step3：程序下载完成后，又有需要将 BOOT0 设置为 GND，手动复位，这样，STM32 才可以从 Flash 中启动。

可以看到，利用这种模式下载程序的流程稍显繁琐，但是可以通过普通串口代替专用烧写接口，不需要使用专用烧写工具。

c. 内置 SRAM：因为 SRAM 掉电数据丢失，因此这个模式一般用于程序调试，而且 SRAM 的可擦除次数要远高于 flash 比如：当代码仅修改了局部内容，可以考虑从这个模式启动代码（也就是 STM32 的内存中），用于快速的程序调试，等程序调试完成后，再将程序下载到 Flash 中。（还有，一般的程序在 RAM 执行速度要比 flash 快一些）

2.6　STM32F4 微控制器的电源控制

1. 电源

器件的工作电压(VDD)要求介于 1.8V 到 3.6V 之间。嵌入式线性调压器用于提供内部 1.2V 数字电源。

当主电源 VDD 断电时,可通过 VBAT 电压为实时时钟(RTC)、RTC 备份寄存器和备份 SRAM(BKP SRAM)供电。

注意:根据工作期间供电电压的不同,某些外设可能只提供有限的功能和性能。

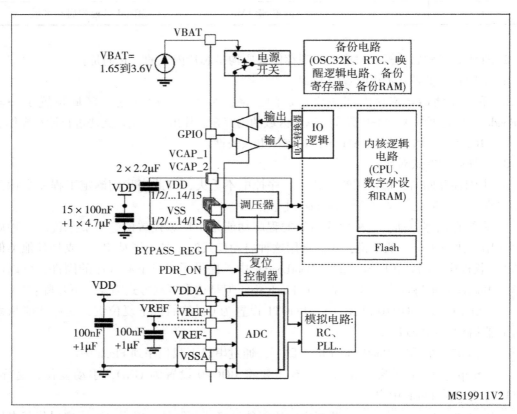

图 2-3　存储器映射电源概叙

注意:VDDA 和 VSSA 必须分别连接到 VDD 和 VSS。

(1)独立 A/D 转换器电源和参考电压

为了提高转换精度,ADC 配有独立电源,可以单独滤波并屏蔽 PCB 上的噪声。

● ADC 电源电压从单独的 VDDA 引脚输入。

- VSSA 引脚提供了独立的电源接地连接。

为了确保测量低电压时具有更高的精度，用户可以在 VREF 上连接单独的 ADC 外部参考电压输入。VREF 电压介于 1.8V 到 VDDA 之间。

（2）电池备份域

要在 VDD 关闭后保留 RTC 备份寄存器和备份 SRAM 的内容并为 RTC 供电，可以将VBAT 引脚连接到通过电池或其他电源供电的可选备用电压。

要使 RTC 即使在主数字电源（VDD）关闭后仍然工作，VBAT 引脚需为以下各模块供电：

- RTC
- LSE 振荡器
- 备份 SRAM（使能低功耗备份调压器时）
- PC13 到 PC15 I/O，以及 PI8 I/O（如果封装有该引脚）

VBAT 电源的开关由复位模块中内置的掉电复位电路进行控制。

警告：在 tRSTTEMPO（VDD 启动后的一段延迟）期间或检测到 PDR 后，VBAT 与 VDD之间的电源开关仍连接到 VBAT。在启动阶段，如果 VDD 的建立时间小于 tRSTTEMPO 且VDD>VBAT+0.6V，会有电流经由 VDD 和电源开关（VBAT）之间连接的内部二极管注入VBAT 引脚。如果连接到 VBAT 引脚的电源/电池无法承受此注入电流，则强烈建议在该电源与 VBAT 引脚之间连接一个低压降二极管。

如果应用中未使用任何外部电池，建议将 VBAT 引脚连接到并联了 100nF 外部去耦陶瓷电容的 VDD。

通过 VDD 对备份域供电时（模拟开关连接到 VDD），可实现以下功能：

- PC14 和 PC15 可用作 GPIO 或 LSE 引脚
- PC13 可用作 GPIO 或 RTC_AF1 引脚

注意：由于该开关的灌电流能力有限（3mA），因此使用 GPIO PI8 和 PC13 到 PC15 时存在以下限制：每次只能有一个 I/O 用作输出，最大负载为 30pF 时速率不得超过 2MHz，并且这些 I/O 不能用作电流源（如用于驱动 LED）。

通过 VBAT 对备份域供电时（由于不存在 VDD，模拟开关连接到 VBAT），可实现以下功能：

- PC14 和 PC15 只能用作 LSE 引脚
- PC13 可用作 RTC_AF1 引脚
- PI8 可用作 RTC_AF2

备份域访问如图 2-4 所示。

复位后，备份域（RTC 寄存器、RTC 备份寄存器和备份 SRAM）将受到保护，以防止意外的写访问。要使能对备份域的访问，请按以下步骤进行操作：

- 访问 RTC 和 RTC 备份寄存器

1）将 RCC_APB1ENR 寄存器中的 PWREN 位置 1，使能电源接口时钟。

2)将用于 STM32F405xx/07xx 和 STM32F415xx/17xx 的 PWR 电源控制寄存器(PWR_CR)。

和用于 STM32F42xxx 和 STM32F43xxx 的 PWR 电源控制寄存器(PWR_CR)中的 DBP 位置 1,使能对备份域的访问。

3)选择 RTC 时钟源。

4)通过对 RCC 备份域控制寄存器(RCC_BDCR)中的 RTCEN[15]位进行编程,使能 RTC 时钟。

● 访问备份 SRAM

1)将 RCC_APB1ENR 寄存器中的 PWREN 位置 1,使能电源接口时钟。

2)将用于 STM32F405xx/07xx 和 STM32F415xx/17xx 的 PWR 电源控制寄存器(PWR_CR)和用于 STM32F42xxx 和 STM32F43xxx 的 PWR 电源控制寄存器(PWR_CR)中的 DBP 位置 1,使能对备份域的访问。

3)通过将 RCC AHB1 外设时钟使能寄存器(RCC_AHB1ENR)中的 BKPSRAMEN 位置 1,使能备份 SRAM 时钟。

实时时钟(RTC)是一个独立的 BCD 定时器/计数器。RTC 提供一个日历时钟、两个可编程闹钟中断,以及一个具有中断功能的可编程的周期唤醒标志。RTC 包含 20 个备份数据寄存器(80 字节),在检测到入侵事件时将复位。

备份域还包括仅可由 CPU 访问的 4KB 备份 SRAM,可被 32 位、16 位、8 位访问。使能低功耗备份调压器时,即使处于待机或 VBAT 模式,备份 SRAM 的内容也能保留。一直存在 VBAT 时,可以将此备份 SRAM 视为内部 EEPROM。

通过 VDD(模拟开关连接到 VDD)对备份域供电时,备份 SRAM 将从 VDD 而非 VBAT 获取电能,以此延长电池寿命。

通过 VBAT(由于不存在 VDD,模拟开关连接到 VBAT)对备份域供电时,备份 SRAM 通过专用的低功耗调压器供电。此调压器既可以处于开启状态,也可以处于关闭状态,具体取决于应用在待机模式或 VBAT 模式是否需要备份 SRAM 功能。此调压器的掉电由专用位控制,即 PWR_CSR 寄存器的 BRE 控制位。

入侵事件不会擦除备份 SRAM。备份 SRAM 设置了读保护,可防止用户对加密私钥等机密数据进行访问。擦除备份 SRAM 的唯一方法是在请求将保护级别从级别 1 更改为级别 0 时通过 Flash 接口实现。

(3)调压器

嵌入式线性调压器为备份域和待机电路以外的所有数字电路供电。调压器输出电压约为 1.2V。

此调压器需要将两个外部电容连接到专用引脚 VCAP_1 和 VCAP_2,所有封装都配有这两个引脚。为激活或停用调压器,必须将特定引脚连接到 VSS 或 VDD。具体引脚与封装有关。

通过软件激活时,调压器在复位后始终处于使能状态。根据应用模式的不同,可采用

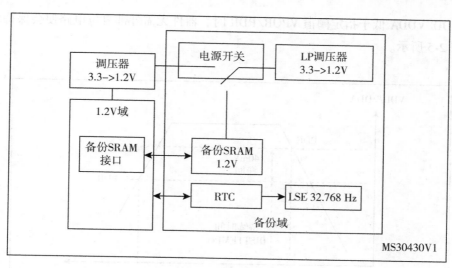

图 2-4　备份域

三种不同的模式工作。

● 运行模式，调压器为 1.2V 域(内核、存储器和数字外设)提供全功率。在此模式下，调压器的输出电压(约 1.2V)可通过软件调整为不同的电压值。

—对于 STM32F405xx/07xx 和 STM32F415xx/17xx 可通过 VOS(PWR_CR 寄存器的位 15)动态配置成级别 1 或级别 2。

—对于 STM32F42xxx 和 STM32F43xxx 可通过 PWR_CR 寄存器的 VOS[1：0]位配置成级别 1、级别 2 或级别 3。仅当关闭 PLL 且选择 HSI 或 HSE 时钟源作为系统时钟源时，才能修改输出级别。新的编程值只在 PLL 开启后才生效。PLL 关闭后将自动选择电压输出级别 3。

器件运行在最高工作频率时，电压缩放特性可使功耗得到优化。

● 停止模式，调压器为 1.2V 域提供低功率，保留寄存器和内部 SRAM 中的内容。

—对于 STM32F405xx/07xx 和 STM32F415xx/17xx 在停止模式下，设置的电压输出级别保持不变。

—对于 STM32F42xxx 和 STM32F43xxx 微控制器进入停止模式后将自动选择电压输出级别 3。

● 待机模式，调压器掉电。除待机电路和备份域外，寄存器和 SRAM 的内容都将丢失。

2. 电源监控器

(1)上电复位(POR)/掉电复位(PDR)

本器件内部集成有 POR/PDR 电路，可以从 1.8V 开始正常工作。

当 VDD/VDDA 低于指定阈值 VPOR/PDR 时，器件无需外部复位电路便会保持复位状态。如图 2-5 所示。

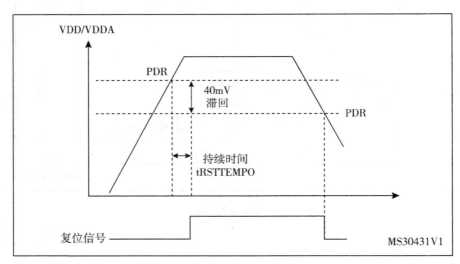

图 2-5　上电/掉电复位波形

（2）欠压复位（BOR）

上电期间，欠压复位（BOR）将使器件保持复位状态，直到电源电压达到指定的 VBOR 阈值。如图 2-6 所示。

VBOR 通过器件选项字节进行配置。BOR 默认为关闭。可以选择 4 个 VBOR 阈值。

- BOR 关闭（VBOR0）：1.80V 到 2.10V 电压范围的复位阈值级别
- BOR 级别 1（VBOR1）：2.10V 到 2.40V 电压范围的复位阈值级别
- BOR 级别 2（VBOR2）：2.40V 到 2.70V 电压范围的复位阈值级别
- BOR 级别 3（VBOR3）：2.70V 到 3.60V 电压范围的复位阈值级别

当电源电压（VDD）降至所选 VBOR 阈值以下时，将使器件复位。

通过对器件选项字节进行编程可以禁止 BOR。要禁止 BOR 功能，VDD 必须高于 VBOR0，以启动器件选项字节编程序列。那么就只能由 PDR 监测掉电过程。

BOR 阈值滞回电压约为 100mV（电源电压的上升沿与下降沿之间）。

（3）可编程电压检测器（PVD）

可以使用 PVD 监视 VDD 电源，将其与用于 STM32F405xx/07xx 和 STM32F415xx/17xx 的 PWR 电源控制寄存器（PWR_CR）和用于 STM32F42xxx 和 STM32F43xxx 的 PWR 电源控制寄存器（PWR_CR）中 PLS[2：0]位所选的阈值进行比较。

通过设置 PVDE 位来使能 PVD。如图 2-7 所示。

PWR 电源控制/状态寄存器（PWR_CSR）中提供了 PVDO 标志，用于指示 VDD 是大于

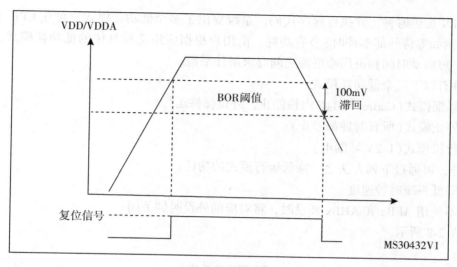

图 2-6 BOR 阈值

还是小于 PVD 阈值。该事件内部连接到 EXTI 线 16，如果通过 EXTI 寄存器使能，则可以产生中断。当 VDD 降至 PVD 阈值以下以及/或者当 VDD 升至 PVD 阈值以上时，可以产生 PVD 输出中断，具体取决于 EXTI 线 16 上升沿/下降沿的配置。该功能的用处之一就是可以在中断服务程序中执行紧急关闭系统的任务。

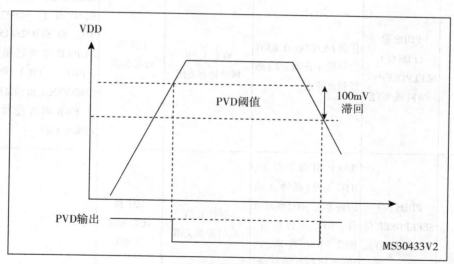

图 2-7 PVD 阈值

3. 低功耗模式

默认情况下，系统复位或上电复位后，微控制器进入运行模式。在运行模式下，CPU

通过 HCLK 提供时钟，并执行程序代码。系统提供了多个低功耗模式，可在 CPU 不需要运行时(例如等待外部事件时)节省功耗。由用户根据应用选择具体的低功耗模式，以在低功耗、短启动时间和可用唤醒源之间寻求最佳平衡。

　　器件有以下三个低功耗模式：

- 睡眠模式(Cortex^{TM}-M4F 内核停止，外设保持运行)
- 停止模式(所有时钟都停止)
- 待机模式(1.2V 域断电)

此外，可通过下列方法之一降低运行模式的功耗：

- 降低系统时钟速度
- 不使用 APBx 和 AHBx 外设时，将对应的外设时钟关闭

如表 2-8 所示。

表 2-8　　　　　　　　　　　　　　　　　低功耗模式汇总

模式名称	进入	唤醒	对 1.2V 域时钟的影响	对 V_{DD} 域时钟的影响	调压器
睡眠(立即休眠或退出时休眠)	WFI	任意中断	CPU CLK 关闭对其它时钟或模拟时钟源无影响	无	开启
	WFE	唤醒事件			
停止	PDDS 和 LPDS 位+SLEEPDEEP 位+WFI 或 WFE	任意 EXTI 线(在 EXTI 寄存器中配置，内部线和外部线)	所有 1.2V 域时钟都关闭	HSI 和 HSE 振荡器关闭	开启或处于低功耗模式(取决于用于 STM32F405xx/07xx 和 STM32F415xx/17xx 的 PWR 电源控制寄存器 (PWR _ CR) 和用于 STM32F42xxx 和 STM32F43xxx 的 PWR 电源控制寄存器 (PWR_CR)
待机	PDDS 位+SLEEPDEEP 位+WFI 或 WFE	WKUP 引脚上升沿、RTC 闹钟(闹钟 A 或闹钟 B(、RTC 唤醒事件、RTC 入侵事件、RTC 时间戳事件、NRST 引脚外部复位、IWDG 复位	所有 1.2V 域时钟都关闭	HSI 和 HSE 振荡器关闭	关闭

　　(1)降低系统时钟速度

　　在运行模式下，可通过对预分频寄存器编程来降低系统时钟(SYSCLK、HCLK、

PCLK1 和 PCLK2)速度。进入睡眠模式之前，也可以使用这些预分频器降低外设速度。

（2）外设时钟门控

在运行模式下，可随时停止各外设和存储器的 HCLKx 和 PCLKx 以降低功耗。

要进一步降低睡眠模式的功耗，可在执行 WFI 或 WFE 指令之前禁止外设时钟。

外设时钟门控由 AHB1 外设时钟使能寄存器(RCC_AHB1ENR)、AHB2 外设时钟使能寄存器(RCC_AHB2ENR)和 AHB3 外设时钟使能寄存器(RCC_AHB3ENR)进行控制。

在睡眠模式下，复位 RCC_AHBxLPENR 和 RCC_APBxLPENR 寄存器中的对应位可以自动禁止外设时钟。

（3）睡眠模式

1）进入睡眠模式。

执行 WFI(等待中断)或 WFE(等待事件)指令即可进入睡眠模式。根据 Cortex™-M4F 系统控制寄存器中 SLEEPONEXIT 位的设置，可以通过两种方案选择睡眠模式进入机制：

● 立即休眠：如果 SLEEPONEXIT 位清零，MCU 将在执行 WFI 或 WFE 指令时立即进入睡眠模式。

● 退出时休眠：如果 SLEEPONEXIT 位置 1，MCU 将在退出优先级最低的 ISR 时立即进入睡眠模式。

2）退出睡眠模式。

如果使用 WFI 指令进入睡眠模式，则嵌套向量中断控制器(NVIC)确认的任意外设中断都会将器件从睡眠模式唤醒。

如果使用 WFE 指令进入睡眠模式，MCU 将在有事件发生时立即退出睡眠模式。唤醒事件可通过以下方式产生：

● 在外设的控制寄存器使能一个中断，但不在 NVIC 中使能，同时使能 Cortex™-M4F 系统控制寄存器中的 SEVONPEND 位。当 MCU 从 WFE 恢复时，需要清除相应外设的中断挂起位和外设 NVIC 中断通道挂起位(在 NVIC 中断清除挂起寄存器中)。

● 配置一个外部或内部 EXTI 线为事件模式。当 CPU 从 WFE 恢复时，因为对应事件线的挂起位没有被置位，不必清除相应外设的中断挂起位或 NVIC 中断通道挂起位。

由于没有在进入/退出中断时浪费时间，此模式下的唤醒时间最短。

如表 2-9 和表 2-10 所示。

表 2-9　　　　　　　　　　　　　　进入和退出立即休眠

立即休眠模式	说　　明
进入模式	WFI(等待中断)或 WFE(等待事件)，且： -SLEEPDEEP=0 及 -SLEEPONEXIT=0 请参见 Cortex™-M4F 系统控制寄存器。

续表

立即休眠模式	说　　明
退出模式	如果使用 WFI 进入： 　中断 如果使用 WFE 进入： 　唤醒事件
唤醒延迟	无

表 2-10　　　　　　　　　　　进入和退出退出时休眠

退出时休眠	说　　明
进入模式	WFI(等待中断)，且： -SLEEPDEEP=0 及 -SLEEPONEXIT=1 请参见 Cortex™-M4F 系统控制寄存器。
退出模式	中断
唤醒延迟	无

（4）停止模式

停止模式基于 Cortex™-M4F 深度睡眠模式与外设时钟门控。调压器既可以配置为正常模式，也可以配置为低功耗模式。在停止模式下，1.2V 域中的所有时钟都会停止，PLL、HSI 和 HSERC 振荡器也被禁止。内部 SRAM 和寄存器内容将保留。

将 PWR_CR 寄存器中的 FPDS 位置 1 后，Flash 还会在器件进入停止模式时进入掉电状态。Flash 处于掉电模式时，将器件从停止模式唤醒将需要额外的启动延时。

如表 2-11 所示。

表 2-11　　　　　　　　　　　　停止模式

停止模式	LPDS 位	FPDS 位	唤醒延迟
STOP MR （主调压器）	0	0	HSI RC 启动时间
STOP MR-FPD	0	1	HSI RC 启动时间+ Flash 从掉电模式唤醒的时间
STOP LP	1	0	HSI RC 启动时间+ 调压器从 LP 模式唤醒的时间
STOP LP-FPD	1	1	HSI RC 启动时间+ Flash 从掉电模式唤醒的时间+ 调压器从 LP 模式唤醒的时间

1)进入停止模式。

要进一步降低停止模式的功耗，可将内部调压器设置为低功耗模式。通过用于 STM32F405xx/07xx 和 STM32F415xx/17xx 的 PWR 电源控制寄存器(PWR_CR)和用于 STM32F42xxx 和 STM32F43xxx 的 PWR 电源控制寄存器(PWR_CR)的 LPDS 位进行配置。

如果正在执行 Flash 编程，停止模式的进入将延迟到存储器访问结束后执行。

如果正在访问 APB 域，停止模式的进入则延迟到 APB 访问结束后执行。

在停止模式下，可以通过对各控制位进行编程来选择以下功能：

- 独立的看门狗(IWDG)：IWDG 通过写入其密钥寄存器或使用硬件选项来启动。而且一旦启动便无法停止，除非复位。
- 实时时钟(RTC)：通过 RCC 备份域控制寄存器(RCC_BDCR)中的 RTCEN 位进行配置。
- 内部 RC 振荡器(LSI RC)：通过 RCC 时钟控制和状态寄存器(RCC_CSR)中的 LSION 位进行配置。
- 外部 32.768kHz 振荡器(LSE OSC)：通过 RCC 备份域控制寄存器(RCC_BDCR)中的 LSEON 位进行配置。

在停止模式下，ADC 或 DAC 也会产生功耗，除非在进入停止模式前将其禁止。要禁止这些转换器，必须将 ADC_CR2 寄存器中的 ADON 位和 DAC_CR 寄存器中的 ENx 位都清零。

2)退出停止模式。

通过发出中断或唤醒事件退出停止模式时，将选择 HSI RC 振荡器作为系统时钟。

当调压器在低功耗模式下工作时，将器件从停止模式唤醒将需要额外的延时。在停止模式下一直开启内部调压器虽然可以缩短启动时间，但功耗却增大。

分别如表 2-12 所示。

表 2-12 进入和退出停止模式

停止模式	说　明
进入模式	WFI(等待中断)或 WFE(等待事件)，且： -将 Cortex™-M4F 系统控制寄存器中的 SLEEPDEEP 位置 1 -将电源控制寄存器(PWR_CR)中的 PDDS 位清零 -通过配置 PWR_CR 中的 LPDS 位选择调压器模式 注意：要进入停止模式，所有 EXTI 线挂起位(在挂起寄存器(EXTI_PR)中)、RTC 闹钟(闹钟 A 和闹钟 B)、RTC 唤醒、RTC 入侵和 RTC 时间戳标志必须复位。否则将忽略进入停止模式这一过程，继续执行程序
退出模式	如果使用 WFI 进入： 所有配置为中断模式的 EXTI 线(必须在 NVIC 中使能对应的 EXTI 中断向量) 如果使用 WFE 进入： 所有配置为事件模式的 EXTI 线
唤醒延迟	停止工作模式

（5）待机模式

待机模式下可达到最低功耗。待机模式基于 Cortex™-M4F 深度睡眠模式，其中调压器被禁止。因此 1.2V 域断电。PLL、HSI 振荡器和 HSE 振荡器也将关闭。除备份域（RTC 寄存器、RTC 备份寄存器和备份 SRAM）和待机电路中的寄存器外，SRAM 和寄存器内容都将丢失。

1）进入待机模式。

在待机模式下，可以通过对各控制位进行编程来选择以下功能：

● 独立的看门狗（IWDG）：IWDG 通过写入其密钥寄存器或使用硬件选项来启动。而且一旦启动便无法停止，除非复位。

● 实时时钟（RTC）：通过备份域控制寄存器（RCC_BDCR）中的 RTCEN 位进行配置。

● 内部 RC 振荡器（LSI RC）：通过控制/状态寄存器（RCC_CSR）中的 LSION 位进行配置。

● 外部 32.768kHz 振荡器（LSE OSC）：通过备份域控制寄存器（RCC_BDCR）中的 LSEON 位进行配置。

2）退出待机模式。

检测到外部复位（NRST 引脚）、IWDG 复位、WKUP 引脚上升沿、RTC 闹钟、入侵事件或时间戳时间时，微控制器退出待机模式。从待机模式唤醒后，除 PWR 电源控制/状态寄存器（PWR_CSR）外，所有寄存器都将复位。

从待机模式唤醒后，程序将按照复位（启动引脚采样、复位向量已获取等）后的方式重新执行。PWR 电源控制/状态寄存器（PWR_CSR）中的 SBF 状态标志指示 MCU 已处于待机模式。

分别如表 2-13 所示。

表 2-13　　　　　　　　　　　　　　进入和退出待机模式

待机模式	说　　明
进入模式	WFI(等待中断)或 WFE(等待事件)，且： -将 Cortex™-M4F 系统控制寄存器中的 SLEEPDEEP 位置 1 -将电源控制寄存器(PWR_CR)中的 PDDS 位置 1 -将电源控制/状态寄存器(PWR_CSR)中的 WUF 位清零 -将与所选唤醒源(RTC 闹钟 A、RTC 闹钟 B、RTC 唤醒、RTC 入侵或 RTC 时间戳标志)对应的 RTC 标志清零
退出模式	WKUP 引脚上升沿、RTC 闹钟(闹钟 A 和闹钟 B)、RTC 唤醒事件、RTC 入侵事件、RTC 时间戳事件、NRST 引脚外部复位和 IWDG 复位。
唤醒延迟	复位阶段。

3)待机模式下的 I/O 状态。

在待机模式下，除以下各部分以外，所有 I/O 引脚都处于高阻态：

- 复位引脚(仍可用)
- RTC_AF1 引脚(PC13)(如果针对入侵、时间戳、RTC 闹钟输出或 RTC 时钟校准输出进行了配置)
- WKUP 引脚(PA0)(如果使能)

4)调试模式。

在默认情况下，如果使用调试功能时应用程序将 MCU 置于停止模式或待机模式，调试连接将中断。这是因为 Cortex™-M4F 内核时钟停止了。

不过，通过设置 DBGMCU_CR 寄存器中的一些配置位，即使 MCU 进入低功耗模式，仍可使用软件对其进行调试。

(6)对 RTC 复用功能进行编程以从停止模式和待机模式唤醒器件

RTC 复用功能可以从低功耗模式唤醒 MCU。

RTC 复用功能包括 RTC 闹钟(闹钟 A 和闹钟 B)、RTC 唤醒事件、RTC 入侵事件和 RTC 时间戳事件。

这些 RTC 复用功能可将系统从停止和待机低功耗模式唤醒。

通过使用 RTC 闹钟或 RTC 唤醒事件，无需依赖外部中断即可将系统从低功耗模式唤醒(自动唤醒模式)。

RTC 提供了可编程时基，便于定期从停止或待机模式唤醒器件。

为此，通过对 RCC 备份域控制寄存器(RCC_BDCR)中的 RTCSEL[1：0]位进行编程，可以选择三个复用 RTC 时钟源中的两个：

- 低功耗 32.768kHz 外部晶振(LSE OSC)

此时钟源提供的时基非常精确，功耗也非常低(典型条件下功耗小于 1μA)

- 低功耗内部 RC 振荡器(LSI RC)

此时钟源的优势在于可以节省 32.768kHz 晶振的成本。此内部 RC 振荡器非常省电。

通过 RTC 复用功能从停止模式唤醒器件

- 要通过 RTC 闹钟事件从停止模式唤醒器件，必须：

a)将 EXTI 线 17 配置为检测外部信号的上升沿(中断或事件模式)

b)使能 RTC_CR 寄存器中的 RTC 闹钟中断

c)配置 RTC 以生成 RTC 闹钟

- 要通过 RTC 入侵事件或时间戳事件从停止模式唤醒器件，必须：

a)将 EXTI 线 21 配置为检测外部信号的上升沿(中断或事件模式)

b)使能 RTC_CR 寄存器中的 RTC 时间戳中断，或者使能 RTC_TAFCR 寄存器中的 RTC 入侵中断

c)配置 RTC 以检测入侵事件或时间戳事件

- 要通过 RTC 唤醒事件从停止模式唤醒器件，必须：

a)将 EXTI 线 22 配置为检测外部信号的上升沿(中断或事件模式)

b)使能 RTC_CR 寄存器中的 RTC 唤醒中断

c)配置 RTC 以生成 RTC 唤醒事件

通过 RTC 复用功能从待机模式唤醒器件

- 要通过 RTC 闹钟事件从待机模式唤醒器件,必须:

a)使能 RTC_CR 寄存器中的 RTC 闹钟中断

b)配置 RTC 以生成 RTC 闹钟

- 要通过 RTC 入侵事件或时间戳事件从待机模式唤醒器件,必须:

a)使能 RTC_CR 寄存器中的 RTC 时间戳中断,或者使能 RTC_TAFCR 寄存器中的 RTC 入侵中断

b)配置 RTC 以检测入侵事件或时间戳事件

- 要通过 RTC 唤醒事件从待机模式唤醒器件,必须:

a)使能 RTC_CR 寄存器中的 RTC 唤醒中断

b)配置 RTC 以生成 RTC 唤醒事件

RTC 复用功能唤醒标志安全清零顺序

如果在 PWR 唤醒标志(WUTF)清零之前将所选 RTC 复用功能置 1,则出现下一事件时无法检测到相关功能,因为检测操作只在信号上升沿到来时执行一次。

为了避免 RTC 复用功能所映射到的引脚发生跳变,并确保器件从停止模式和待机模式正常退出,建议在进入待机模式之前按照以下顺序进行操作:

- 使用 RTC 闹钟从低功耗模式唤醒器件时:

a)禁止 RTC 闹钟中断(RTC_CR 寄存器中的 ALRAIE 或 ALRBIE 位)

b)将 RTC 闹钟(ALRAF/ALRBF)标志清零

c)将 PWR 唤醒(WUF)标志清零

d)使能 RTC 闹钟中断

e)重新进入低功耗模式

- 使用 RTC 唤醒从低功耗模式唤醒器件时:

a)禁止 RTC 唤醒中断(RTC_CR 寄存器中的 WUTIE 位)

b)将 RTC 唤醒(WUTF)标志清零

c)将 PWR 唤醒(WUF)标志清零

d)使能 RTC 唤醒中断

e)重新进入低功耗模式

- 使用 RTC 入侵从低功耗模式唤醒器件时:

a)禁止 RTC 入侵中断(RTC_TAFCR 寄存器中的 TAMPIE 位)

b)将入侵(TAMP1F/TSF)标志清零

c)将 PWR 唤醒(WUF)标志清零

d)使能 RTC 入侵中断

e）重新进入低功耗模式

- 使用 RTC 时间戳从低功耗模式唤醒器件时：

a）禁止 RTC 时间戳中断（RTC_CR 寄存器中的 TSIE 位）

b）将 RTC 时间戳（TSF）标志清零

c）将 PWR 唤醒（WUF）标志清零

d）使能 RTC 时间戳中断

e）重新进入低功耗模式

4. 电源控制寄存器

（1）用于 STM32F405xx/07xx 和 STM32F415xx/17xx 的 PWR 电源控制寄存器（PWR_CR）（如图 2-8）

PWR power control register

偏移地址：0x00

复位值：0x0000 4000（通过从待机模式唤醒进行复位）

31	30	29	28	27	26	25	24	23	22	21	20	19	18	17	16
Reserved															
15	14	13	12	11	10	9	8	7	6	5	4	3	2	1	0
Res.	VOS	Reserved				FPDS	DBP	PLS[2:0]			PVDE	CSBF	CWUF	PDDS	LPDS
	rw					rw	rw	rw	rw	rw	rw	rc_w1	rc_w1	rw	rw

图 2-8 电源控制寄存器

位 31：15 保留，必须保持复位值。

位 14 VOS：调压器输出电压级别选择（Regulator voltage scaling output selection）

此位用来控制内部主调压器的输出电压，以便在器件未以最大频率工作时使性能与功耗实现平衡。

0：级别 2 模式

1：级别 1 模式（复位时的默认值）

位 13：10 保留，必须保持复位值。

位 9 FPDS：停止模式下 Flash 掉电（Flash power-down in Stop mode）

将此位置 1 时，Flash 将在器件进入停止模式后掉电。这样可以降低停止模式的功耗，但会延长重新启动时间。

0：器件进入停止模式时 Flash 不掉电

1：器件进入停止模式时 Flash 掉电

位 8 DBP：禁止备份域写保护（Disable backup domain write protection）

在复位状态下，RCC_BDCR 寄存器、RTC 寄存器（包括备份寄存器）以及 PWR_CSR 寄存器的 BRE 位均受到写访问保护。必须将此位置 1 才能使能对这些寄存器的写访问。

0：禁止对 RTC、RTC 备份寄存器和备份 SRAM 的访问

1：使能对 RTC、RTC 备份寄存器和备份 SRAM 的访问

位 7：5 PLS[2：0]：PVD 级别选择（PVD level selection）

这些位由软件写入，用于选择电压检测器检测的电压阈值

000：2.0 V

001：2.1 V

010：2.3 V

011：2.5 V

100：2.6 V

101：2.7 V

110：2.8 V

111：2.9 V

位 4 PVDE：使能电源电压检测器（Power voltage detector enable）

此位由软件置 1 和清零。

0：禁止 PVD

1：使能 PVD

位 3 CSBF：将待机标志清零（Clear standby flag）

此位始终读为 0。

0：无操作

1：写 1 将 SBF 待机标志清零。

位 2 CWUF：将唤醒标志清零（Clear wakeup flag）

此位始终读为 0。

0：无操作

1：写 1 操作 2 个系统时钟周期后将 WUF 唤醒标志清零

位 1 PDDS：深度睡眠掉电（Power-down deepsleep）

此位由软件置 1 和清零。与 LPDS 位结合使用。

0：器件在 CPU 进入深度睡眠时进入停止模式。调压器状态取决于 LPDS 位。

1：器件在 CPU 进入深度睡眠时进入待机模式。

位 0 LPDS：深度睡眠低功耗（Low-power deepsleep）

此位由软件置 1 和清零。与 PDDS 位结合使用。

0：停止模式下调压器开启

1：停止模式下调压器进入低功耗模式

（2）用于 STM32F42xxx 和 STM32F43xxx 的 PWR 电源控制寄存器（PWR_CR）PWR power control register（见图 2-9）

偏移地址：0x00

复位值：0x0000 C000（通过从待机模式唤醒进行复位）

31	30	29	28	27	26	25	24	23	22	21	20	19	18	17	16
Reserved															
15	14	13	12	11	19	9	8	7	6	5	4	3	2	1	0
VOS		ADCDC1	Reserved			FPDS	DBP	PLS[2:0]			PVDE	CSBF	CWUF	PDDS	LPDS
rw	rw	rw				rw	rw	rw	rw	rw	rw	rc_w1	rc_w1	rw	rw

图 2-9　电源控制寄存器

位 31：16 保留，必须保持复位值。

位 15：14 VOS[1：0]：调压器输出电压级别选择(Regulator voltage scaling output selection)

这些位用来控制内部主调压器的输出电压，以便在器件未以最大频率工作时使性能与功耗实现平衡。

只有在关闭 PLL 时才可以修改这些位。新的编程值只在 PLL 开启后才生效。PLL 关闭后将自动选择电压级别 3。

00：保留(选择级别 3 模式)

01：级别 3 模式

10：级别 2 模式

11：级别 1 模式(复位值)

位 13 ADCDC1：

0：无操作。

1：有关如何使用此位的详细信息，请参见 AN4073。

注意：仅当在 2.7V 到 3.6V 之间的电源电压范围内工作且关闭 Flash 预取指功能时，才可以设置此位。

位 12：10 保留，必须保持复位值。

位 9 FPDS：停止模式下 Flash 掉电(Flash power-down in Stop mode)

将此位置 1 时，Flash 将在器件进入停止模式后掉电。这样可以降低停止模式的功耗，但会延长重新启动时间。

0：器件进入停止模式时 Flash 不掉电

1：器件进入停止模式时 Flash 掉电

位 8 DBP：禁止备份域写保护(Disable backup domain write protection)

在复位状态下，RCC_BDCR 寄存器、RTC 寄存器(包括备份寄存器)以及 PWR_CSR 寄存器的 BRE 位均受到写访问保护。必须将此位置 1 才能使能对这些寄存器的写访问。

0：禁止对 RTC、RTC 备份寄存器和备份 SRAM 的访问

1：使能对 RTC、RTC 备份寄存器和备份 SRAM 的访问

位 7：5 PLS[2：0]：PVD 级别选择(PVD level selection)

这些位由软件写入，用于选择电压检测器检测的电压阈值

000：2.0 V

001：2.1 V

010：2.3 V

011：2.5 V

100：2.6 V

101：2.7 V

110：2.8 V

111：2.9 V

位 4 PVDE：使能电源电压检测器（Power voltage detector enable）

此位由软件置 1 和清零。

0：禁止 PVD

1：使能 PVD

位 3 CSBF：将待机标志清零（Clear standby flag）

此位始终读为 0。

0：无操作

1：写 1 将 SBF 待机标志清零。

位 2 CWUF：将唤醒标志清零（Clear wakeup flag）

此位始终读为 0。

0：无操作

1：写 1 操作 2 个系统时钟周期后将 WUF 唤醒标志清零

位 1 PDDS：深度睡眠掉电（Power-down deepsleep）

此位由软件置 1 和清零。与 LPDS 位结合使用。

0：器件在 CPU 进入深度睡眠时进入停止模式。调压器状态取决于 LPDS 位。

1：器件在 CPU 进入深度睡眠时进入待机模式。

位 0 LPDS：深度睡眠低功耗（Low-power deepsleep）

此位由软件置 1 和清零。与 PDDS 位结合使用。

0：停止模式下调压器开启

1：停止模式下调压器进入低功耗模式

（3）PWR 电源控制/状态寄存器（PWR_CSR）PWR power control/status register（见图 2-10）

偏移地址：0x04

复位值：0x0000 0000（不通过从待机模式唤醒进行复位）

与标准的 APB 读操作相比，读取此寄存器需要更多的 APB 周期。

位 31：15 保留，必须保持复位值。

位 14 VOSRDY：调压器输出分级电压就绪标志（Regulator voltage scaling output selection ready bit）

31	30	29	28	27	26	25	24	23	22	21	20	19	18	17	16
Reserved															
Res.															

15	14	13	12	11	19	9	8	7	6	5	4	3	2	1	0
Res.	VOS RDY	Reserved				BRE	EWUP	Reserved Res.				BRR	PVDO	SBF	WUF
	r					rw	rw					r	r	r	r

图 2-10   PWR 电源控制/状态寄存器(PWR_CSR)

0：未就绪

1：就绪

位 13：10 保留，必须保持复位值。

位 9 BRE：使能备份调压器(Backup regulator enable)

将此位置 1 时，使能备份调压器(用于在待机模式和 VBAT 模式下保持备份 SRAM 内容)。

如果 BRE 复位，备份调压器关闭。仍可使用备份 SRAM 但在待机模式和 VBAT 模式中其内容将丢失。将此位置 1 后，应用程序必须等待备份调压器就绪标志(BRR)置 1，指示在待机模式和 VBAT 模式下会保持写入 RAM 中的数据。

0：禁止备份调压器

1：使能备份调压器

注意：此位不会在器件从待机模式唤醒时复位，也不会通过系统复位或电源复位进行复位。

位 8 EWUP：使能 WKUP 引脚(Enable WKUP pin)

此位由软件置 1 和清零。

0：WKUP 引脚用作通用 I/O。WKUP 引脚上的事件不会把器件从待机模式唤醒。

1：WKUP 用于从待机模式唤醒器件并被强制配置成输入下拉(WKUP 引脚出现上升沿时从待机模式唤醒系统)。

注意：此位通过系统复位进行复位。

位 7：4 保留，必须保持复位值。

位 3 BRR：备份调压器就绪(Backup regulator ready)

由硬件置 1，用以指示备份调压器已就绪。

0：备份调压器未就绪

1：备份调压器就绪

注意：此位不会在器件从待机模式唤醒时复位，也不会通过系统复位或电源复位进行复位。

位 2 PVDO：PVD 输出(PVD output)

此位通过硬件置 1 和清零。仅当通过 PVDE 位使能 PVD 时此位才有效。

0：VDD 高于 PLS[2：0]位选择的 PVD 阈值。

1：VDD 低于 PLS［2：0］位选择的 PVD 阈值。

注意：PVD 在进入待机模式时停止。因此，进入待机模式或执行复位后，此位等于 0，直到 PVDE 位置 1。

位 1 SBF：待机标志（Standby flag）

此位由硬件置 1，清零则只能通过 POR/PDR（上电复位/掉电复位）或将 PWR_CR 寄存器中的 CSBF 位置 1 来实现。

0：器件未进入待机模式

1：器件在此次复位前进入待机模式

位 0 WUF：唤醒标志（Wakeup flag）

此位由硬件置 1，清零则只能通过 POR/PDR（上电复位/掉电复位）或将 PWR_CR 寄存器中的 CWUF 位置 1 来实现。

0：未发生唤醒事件

1：收到唤醒事件，可能来自 WKUP 引脚、RTC 闹钟（闹钟 A 和闹钟 B）、RTC 入侵事件、RTC 时间戳事件或 RTC 唤醒事件。

注意：如果使能 WKUP 引脚（将 EWUP 位置 1）时 WKUP 引脚已为高电平，系统将检测到另一唤醒事件。

（4）PWR 寄存器映射

表 2-14 和表 2-15 对 PWR 寄存器进行了汇总。

表 2-14　STM32F405xx/07xx 和 STM32F415xx/17xx PWR——寄存器映射和复位值

偏移	寄存器	31	30	29	28	27	26	25	24	23	22	21	20	19	18	17	16	15	14	13	12	11	10	9	8	7	6	5	4	3	2	1	0
0x000	PWR_CR	Reserved																	VDS	Reserved				FPDS	DBP	PLS[2:0]			PVDE	CSBF	CWUF	PDDS	LPDS
	Reset value																		1					0	0	0	0	0	0	0	0	0	0
0x004	PWR_CSR	Reserved																	VDSRDY	Reserved				BRE	EWUP	Reserved				BRR	PVDO	SBF	WUF
	Reset value																		0					0	0					0	0	0	0

表 2-15　STM32F42xxx 和 STM32F43xxx PWR——寄存器映射和复位值

偏移	寄存器	31	30	29	28	27	26	25	24	23	22	21	20	19	18	17	16	15	14	13	12	11	10	9	8	7	6	5	4	3	2	1	0
0x000	PWR_CR	Reserved																VDS[1:0]		ADCDC1	Reserved			FPDS	DBP	PLS[2:0]			PVDE	CSBF	CWUF	PDDS	LPDS
	Reset value																	1	1	0				0	0	0	0	0	0	0	0	0	0
0x004	PWR_CSR	Reserved																	VDSRDY	Reserved				BRE	EWUP	Reserved				BRR	PVDO	SBF	WUF
	Reset value																		0					0	0					0	0	0	0

2.7 STM32F4 微控制器的复位

STM32F4 微控制器共有三种类型的复位，分别为系统复位、电源复位和备份域复位。

1. 系统复位

除了时钟控制寄存器 CSR 中的复位标志和备份域中的寄存器外，系统复位会将其它全部寄存器都复位为复位值。

只要发生以下事件之一，就会产生系统复位：

(1)NRST 引脚低电平(外部复位)

(2)窗口看门狗计数结束(WWDG 复位)

(3)独立看门狗计数结束(IWDG 复位)

(4)软件复位(SW 复位)

(5)低功耗管理复位

软件复位

可通过查看 RCC 时钟控制和状态寄存器(RCC_CSR)中的复位标志确定。

要对器件进行软件复位，必须将 Cortex™-M4F 应用中断和复位控制寄存器中的 SYSRESETREQ 位置 1。

低功耗管理复位

引发低功耗管理复位的方式有以下两种：

(1)进入待机模式时产生复位

此复位的使能方式是清零用户选项字节中的 nRST_STDBY 位。使能后，只要成功执行进入待机模式序列，器件就将复位，而非进入待机模式。

(2)进入停止模式时产生复位

此复位的使能方式是清零用户选项字节中的 nRST_STOP 位。使能后，只要成功执行进入停止模式序列，器件就将复位，而非进入停止模式。

2. 电源复位

只要发生以下事件之一，就会产生电源复位：

(1)上电/掉电复位(POR/PDR 复位)或欠压(BOR)复位

(2)在退出待机模式时

除备份域内的寄存器以外，电源复位会将其他全部寄存器设置为复位值，这些源均作用于 NRST 引脚，该引脚在复位过程中始终保持低电平。RESET 复位入口向量在存储器映射中固定在地址 0x0000_0004。

芯片内部的复位信号会在 NRST 引脚上输出。脉冲发生器用于保证最短复位脉冲持续时间，可确保每个内部复位源的复位脉冲都至少持续 $20\mu s$。对于外部复位，在 NRST 引脚处于低电平时产生复位脉冲。

如图 2-11 所示。

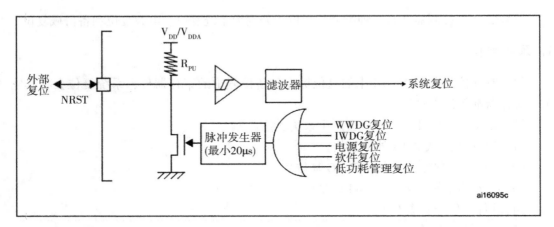

图 2-11　复位电路简图

备份域具有两个特定的复位，这两个复位仅作用于备份域本身。

3. 备份域复位

备份域复位会将所有 RTC 寄存器和 RCC＿BDCR 寄存器复位为各自的复位值。BKPSRAM 不受此复位影响。BKPSRAM 的唯一复位方式是通过 Flash 接口将 Flash 保护等级从 1 切换到 0。

只要发生以下事件之一，就会产生备份域复位：

1) 软件复位，通过将 RCC 备份域控制寄存器(RCC_BDCR)中的 BDRST 位置 1 触发。

2) 在电源 VDD 和 VBAT 都已掉电后，其中任何一个又再上电。

2.8　STM32F4 微控制器的调试端口

STM32F4xx 的内核是 Cortex™-M4F，该内核包含用于高级调试功能的硬件。利用这些调试功能，可以在取指(指令断点)或取访问数据(数据断点)时停止内核。内核停止时，可以查询内核的内部状态和系统的外部状态。查询完成后，将恢复内核和系统并恢复程序执行。当调试器与 STM32F4xx MCU 相连并进行调试时，将使用内核的硬件调试模块，如图 2-12 所示。提供两个调试接口：

- 串行接口
- JTAG 调试接口

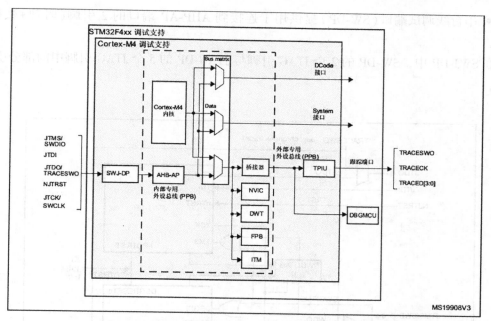

图 2-12 STM32 MCU 和 Cortex™-M4F 级调试支持框图

注意：Cortex™-M4F 内核中内置的调试功能是 ARM CoreSight 设计套件的一部分。
ARM Cortex™-M4F 内核提供集成片上调试支持。
它包括：

- **SWJ-DP**：串行/JTAG 调试端口
- **AHP-AP**：AHB 访问端口
- **ITM**：指令跟踪单元
- **FPB**：Flash 指令断点
- **DWT**：数据断点触发
- **TPUI**：跟踪端口单元接口(大封装上提供，其中会映射相应引脚)
- **ETM**：嵌入式跟踪宏单元(大封装上提供，其中会映射相应引脚)

它还包括专用于 STM32F4xx 的调试功能：

- 灵活调试引脚分配
- MCU 调试盒(支持低功耗模式和对外设时钟的控制等)

1. SWJ 调试端口(串行接口和 JTAG)

STM32F4xx 内核集成了串行/JTAG 调试端口（SWJ-DP）。该端口是 ARM 标准 CoreSight 调试端口，具有 JTAG-DP(5 引脚)接口和 SW-DP(2 引脚)接口。

- JTAG 调试端口(JTAG-DP)提供用于连接到 AHP-AP 端口的 5 引脚标准 JTAG 接口。如图 2-13 所示。

● 串行线调试端口(SW-DP)提供用于连接到 AHP-AP 端口的 2 引脚(时钟+数据)接口。

在 SWJ-DP 中，SW-DP 的 2 个 JTAG 引脚与 JTAG-DP 的 5 个 JTAG 引脚中的部分引脚复用。

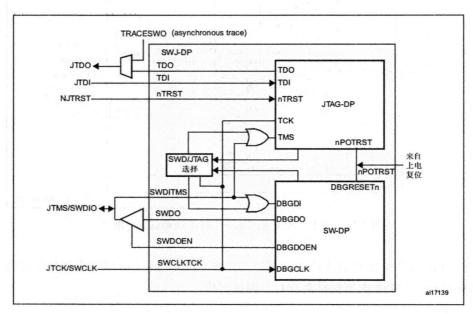

图 2-13　SWJ 调试端口

JTAG-DP 或 SW-DP 的切换机制，默认调试接口是 JTAG 接口。

如果调试工具想要切换到 SW-DP，它必须在 TMS/TCK(分别映射到 SWDIO 和 SWCLK)上提供专用的 JTAG 序列，用于禁止 JTAG-DP 并使能 SW-DP。这样便可仅使用 SWCLK 和 SWDIO 引脚来激活 SWDP。

该序列为：

1)输出超过 50 个 TCK 周期的 TMS(SWDIO)= 1 信号

2)输出 16 个 TMS(SWDIO)信号 0111100111100111(MSB)

3)输出超过 50 个 TCK 周期的 TMS(SWDIO)= 1 信号

2. 引脚排列和调试端口引脚

STM32F4xx MCU 的不同封装有不同的有效引脚数。因此，某些与引脚相关的功能可能随封装而不同。

(1)SWJ 调试端口引脚

STM32F4xx 的 5 个普通 I/O 口可用作 SWJ-DP 接口引脚。所有封装都提供这些引脚。

如表 2-16 所示。

表 2-16　　　　　　　　　　　　**SWJ 调试端口引脚**

SWJ-DP 引脚名称	JATG 调试端口		SW 调试端口		引脚分配
	类型	说明	类型	调试分配	
JTMS/SWDIO	I	JATG 测试模式选择	IO	串行线数据输入/输出	PA13
JTCK/SWCLK	I	JATG 测试时钟	I	串行线时钟	PA14
JTDI	I	JATG 测试数据输入	—	—	PA15
JTDO/TRACESWO	O	JATG 测试数据输出		TRACESWO（如果使能异步跟踪）	PB3
NJTRST	I	JATG 测试 nReset	—	—	PB4

（2）灵活的 SWJ-DP 引脚分配

复位（SYSRESETn 或 PORESETn）后，会将用于 SWJ-DP 的全部 5 个引脚指定为专用引脚，可供调试工具立即使用（请注意，除非由调试工具明确编程，否则不分配跟踪输出）。但是，STM32F4xx MCU 可以禁止部分或全部 SWJ-DP 端口，进而释放相关引脚以用作通用 IO（GPIO）。如表 2-17 所示。

表 2-17　　　　　　　　　　　**灵活的 SWJ-DP 引脚分配**

可用的调试端口	分配的 SWJ IO 引脚				
	PA13/JTMS/SWDIO	PA14/JTCK/SWCLK	PA15/JTDI	PB3/JTDO	PB4/NJTRST
全部 SWJ（JTAG-DP+SW-DP）-复位状态	×	×	×	×	×
全部 SWJ（JTAG-DP + SW-DP），但不包括 NJTRST	×	×	×	×	
禁止 JTAG-DP 和使能 SW-DP	×	×			
禁止 JTAG-DP 和禁止 SW-DP	已释放				

注意：当 APB 桥的写缓冲区已满后，还需要一个额外的 APB 周期来写入 GPIO_AFR 寄存器。这是因为释放 JTAGSW 引脚需要两个周期，以保证输入内核的 nTRST 和 TCK 信号的平稳。

- 周期 1：输入 1/0 的 JTAGSW 信号到内核（nTRST、TDI 和 TMS 为 1，TCK 为 0）。
- 周期 2：GPI/O 控制器获得 SWJTAG I/O 引脚的控制信号（如对方向，上拉/下拉，施密特触发等的控制）。

3. JTAG 调试端口

标准 JTAG 状态机使用一个 4 位指令寄存器（IR）和五个数据寄存器实现。如表 2-18 和表 2-19 所示。

表 2-18　　　　　　　　　　　　　　JTAG 调试端口数据寄存器

IR（3：0）	数据寄存器	详 细 信 息
1111	BYPASS ［1 位］	
1110	IDCODE ［32 位］	ID CODE 0x4A00477（ARM Cortex™-M4F r0p1 ID 代码）
1010	DPACC ［35 位］	调试接口寄存器 初始化调试接口，并允许访问调试接口寄存器。 —传输 IN 数据时： 　位 34：3＝DATA［31：0］＝为写请求传输的 32 位数据 　位 2：1＝A［3：2］＝调试端口寄存器的 2 位地址。 　位 0＝RnW＝读请求（1）或写请求（0）。 —传输 OUT 数据时： 　位 34：3＝DATA［31：0］＝读请求后读取的 32 位数据 　位 2：0＝ACK［2：0］＝3 位确认： 　010＝OK/FAULT 　001＝WAIT 　其他＝保留 有关 A（3：2）位的说明，请参见表 226
1011	APACC ［35 位］	存取接口寄存器 初始化存取接口，并允许访问存取接口寄存器。 —传输 IN 数据时： 　位 34：3＝DATA［31：0］＝为写请求移入的 32 位数据 　位 2：1＝A［3：2］＝2 位地址（子地址 AP 寄存器）。 　位 0＝RnW＝读请求（1）或写请求（0）。 —传输 OUT 数据时： 　位 34：3＝DATA［31：0］＝读请求后读取的 32 位数据 　位 2：0＝ACK［2：0］＝3 位确认： 　010＝OK/FAULT 　001＝WAIT 　其他＝保留 有多个 AP 寄存器（请参见 AHB-AP），这些寄存器按以下组合进行寻址： —移位值 A［3：2］ —DP SELECT 寄存器的当前值
1000	ABORT ［35 位］	中止寄存器 —位 31：1＝保留 —位 0＝DAPABORT：写入 1 以生成 DAP 中止

表 2-19 位调试端口寄存器，通过移位值 A[3：2]进行寻址

地址	A(3：2)值	说明
0x0	00	保留，必须保持复位值。
0x4	01	DP CTRL/STAT 寄存器。用于： —请求系统或调试上电 —配置 AP 访问的传输操作 —控制比较和验证操作 —读取一些状态标志(上溢和上电确认)
0x8	10	DP SELECT 寄存器：用于选择当前访问端口和活动的 4 字寄存器窗口。 —位 31：24：APSEL：选择当前 AP —位 23：8：保留 —位 7：4：APBANKSEL：在当前 AP 上选择活动的 4 字寄存器窗口 —位 3：0：保留
0xC	11	DP RDBUFF 寄存器：用于通过测试软件在执行一系列操作后获取最后结果(无需请求新的 JTAG-DP 操作)

4. SW 调试端口

(1)SW 协议简介

此同步串行协议使用两个引脚：

* SWCLK：从主机到目标的时钟
* SWDIO：双向

利用该协议，可以同时读取和写入两组寄存器组(DPACC 寄存器组和 APACC 寄存器组)。传输数据时，LSB 在前。

对于 SWDIO，必须在电路板上对线路进行上拉(ARM 建议采用 100KΩ)。

每次在协议中更改 SWDIO 的方向时，都会插入转换时间，此时线路即不受主机驱动也不受目标驱动。默认情况下，此转换时间为一位时间，但可以通过配置 SWCLK 频率来调整。

(2)SW 协议序列

每个序列包括两个阶段：

1)主机发送的数据包请求(8 位)

2)目标发送的确认响应(3 位)

第3章 MDK-ARM5开发平台及项目工程体系分析

3.1 MDK-ARM 简介

MDK 源自德国的 KEIL 公司，是 RealView MDK 的简称。在全球 MDK 被超过 10 万的嵌入式开发工程师使用。目前最新版本为：MDK5.14，该版本使用 uVision5 IDE 集成开发环境，是目前针对 ARM 处理器，尤其是 Cortex M 内核处理器的最佳开发工具。

MDK5 向后兼容 MDK4 和 MDK3 等，以前的项目同样可以在 MDK5 上进行开发(但是头文件方面得全部自己添加)，MDK5 同时加强了针对 Cortex-M 微控制器开发的支持，并且对传统的开发模式和界面进行升级，MDK5 由两个部分组成：MDK Core 和 Software Packs。其中，Software Packs 可以独立于工具链进行新芯片支持和中间库的升级。如图3-1 所示。

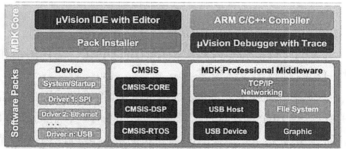

图 3-1　MDK-ARM5 组成

从上图可以看出，MDK Core 又分成四个部分：uVision IDE with Editor(编辑器)，ARM C/C++ Compiler(编译器)，Pack Installer(包安装器)，uVision Debugger with Trace(调试跟踪器)。uVision IDE 从 MDK4.7 版本开始就加入了代码提示功能和语法动态检测等实用功能，相对于以往的 IDE 改进很大。

Software Packs(包安装器)又分为：Device(芯片支持)，CMSIS(ARM Cortex 微控制器软件接口标准)和 Mdidleware(中间库)三个小部分，通过包安装器，我们可以安装最新的组件，从而支持新的器件、提供新的设备驱动库以及最新例程等，加速产品开发进度。

同以往的 MDK 不同，以往的 MDK 把所有组件到包含到了一个安装包里面，显得十分"笨重"，MDK5 则不一样，MDK Core 是一个独立的安装包，它并不包含器件支持、设备驱动、CMSIS 等组件，大小才 300M 左右，相对于 MDK4.70A 的 500 多 M，瘦身明显，MDK5 安装包可以在：http：//www.keil.com/demo/eval/arm.htm 下载到。而器件支持、设备驱动、CMSIS 等组件，则可以点击 MDK5 的 Build Toolbar 的最后一个图标调出 Pack Installer，来进行各种组件的安装。也可以在 http：//www.keil.com/dd2/pack 这个地址下载，然后进行安装。

在 MDK5 安装完成后，要让 MDK5 支持 STM32F407 的开发，还要安装 STM32F4 的器件支持包：Keil.STM32F4xx_DFP.1.0.8.pack(STM32F4 的器件包)。

3.2　CMSIS 标准简介

Cortex 微控制器软件接口标准(Cortex Microcontroller Software Interface Standard 是 ARM 和一些编译器厂家以及半导体厂家共同遵循的一套标准，是由 ARM 提出，专门针对 CORTEX-M 系列的标准。在该标准的约定下 ARM 和芯片厂商会提供一些通用的 API 接口来访问 CORTEX 内核以及一些专用外设，以减少更换芯片以及开发工具等移植工作所带来的金钱以及时间上的消耗。如图 3-2 所示。

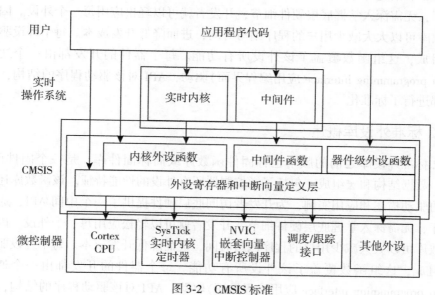

图 3-2　CMSIS 标准

CMSIS 处于中间层，向上提供给用户程序和实时操作系统所需的函数接口，向下负责与内核和其他外设通信。

假如没有 CMSIS 标准，基于 Cortex 的芯片厂商就会设计出自己喜欢的风格库函数。

因此 CMSIS 标准就是要强制他们必须按照这个标准来设计。

在 CMSIS 框架内又分为以下 3 个基本功能层：

(1)核内外设访问层：ARM 公司提供的访问，定义处理器内部寄存器地址以及功能函数。

(2)中间件访问层：定义访问中间件的通用 API，由 ARM 提供，芯片厂商根据需要更新。

(3)外设访问层：定义硬件寄存器的地址以及外设的访问函数，比如 ST 公司提供的固件库外设驱动文件(stm32f10x_gpio. c 等文件)就是在这个访问层。

CMSIS 就是统一各芯片厂商固件库内函数的名称，比如在系统初始化的时候使用的是 SystemInit 这个函数名，那么 CMSIS 标准就是强制所有使用 Cortex 核设计芯片的厂商内固件库系统初始化函数必须为这个名字，不能修改。又比如对 GPIO 口输出操作的函数：GPIO_SetBits，此函数名也是不能随便定义的。

3.3　STM32 标准外设库

STM32 标准外设库之前的版本也称固件函数库或简称固件库，是一个固件函数包，它由程序、数据结构和宏组成，包括了微控制器所有外设的性能特征。该函数库还包括每一个外设的驱动描述和应用实例，为开发者访问底层硬件提供了一个中间 API，通过使用固件函数库，无需深入掌握底层硬件细节，开发者就可以轻松应用每一个外设。因此，使用固态函数库可以大大减少用户的程序编写时间，进而降低开发成本。每个外设驱动都由一组函数组成，这组函数覆盖了该外设所有功能。每个器件的开发都由一个通用 API (application programming interface 应用编程界面)驱动，API 对该驱动程序的结构，函数和参数名称都进行了标准化。

1. STM32 标准外设库概述

STM32 标准外设库之前的版本也称固件函数库或简称固件库，是一个固件函数包，它由程序、数据结构和宏组成，包括了微控制器所有外设的性能特征。该函数库还包括每一个外设的驱动描述和应用实例，为开发者访问底层硬件提供了一个中间 API，通过使用固件函数库，无需深入掌握底层硬件细节，开发者就可以轻松应用每一个外设。因此，使用固态函数库可以大大减少用户的程序编写时间，进而降低开发成本。每个外设驱动都由一组函数组成，这组函数覆盖了该外设所有功能。每个器件的开发都由一个通用 API (application programming interface 应用编程界面)驱动，API 对该驱动程序的结构，函数和参数名称都进行了标准化。

ST 公司 2007 年 10 月发布了 V1. 0 版本的固件库，MDK ARM3. 22 之前的版本均支持该库。2008 年 6 月发布了 V2. 0 版的固件库，从 2008 年 9 月推出的 MDK ARM3. 23 版本至今均使用 V2. 0 版本的固件库。V3. 0 以后的版本相对之前的版本改动较大，本书使用目前较新的 V3.4 版本。

2. 使用标准外设库开发的优势

简单地说，使用标准外设库进行开发最大的优势就在于可以使开发者不用深入了解底层硬件细节就可以灵活规范的使用每一个外设。标准外设库覆盖了从 GPIO 到定时器，再到 CAN、I2C、SPI、UART 和 ADC 等的所有标准外设。对应的 C 源代码只是用了最基本的 C 编程的知识，所有代码经过严格测试，易于理解和使用，并且配有完整的文档，非常方便进行二次开发和应用。

3. STM32F4XXX 标准外设库结构与文件描述

如图 3-3 所示。

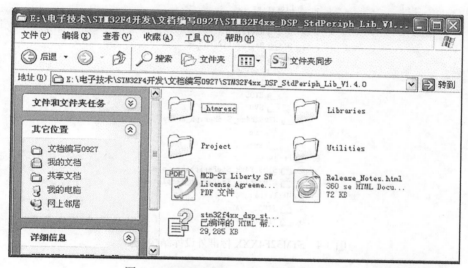

图 3-3　STM32F4XXX 标准外设库结构(1)

Libraries 文件夹下面有 CMSIS 和 STM32F4xx_StdPeriph_Driver 两个目录，这两个目录包含固件库核心的所有子文件夹和文件。

CMSIS 文件夹存放的是符合 CMSIS 规范的一些文件。包括 STM32F4 核内外设访问层代码、DSP 软件库、RTOS API，以及 STM32F4 片上外设访问层代码等。我们后面新建工程的时候会从这个文件夹复制一些文件到我们工程。STM32F4xx_StdPeriph_Driver 放的是 STM32F4 标准外设固件库源码文件和对应的头文件。inc 目录存放的是 stm32f4xx_ppp.h 头文件，无需改动。src 目录下面放的是 stm32f4xx_ppp.c 格式的固件库源码文件。每一个 .c 文件和一个相应的 .h 文件对应。这里的文件也是固件库外设的关键文件，每个外设对应一组文件。

Libraries 文件夹里面的文件在我们建立工程的时候都会使用到。

Project 文件夹下面有两个文件夹。顾名思义，STM32F4xx_StdPeriph_Examples 文件夹下面存放的 ST 官方提供的固件实例源码，在以后的开发过程中，可以参考修改这个官方提供的实例来快速驱动自己的外设，很多开发板的实例都参考了官方提供的例程源码，这些源码对以后的学习非常重要。STM32F4xx_StdPeriph_Template 文件夹下面存放的是工程模板。

Utilities 文件下就是官方评估板的一些对应源码，这个对于本手册学习可以忽略不看。

根目录中还有一个 stm32f4xx_dsp_stdperiph_lib_um. chm 文件，直接打开可以知道，这是一个固件库的帮助文档，这个文档非常有用，只可惜是英文的，在开发过程中，这个文档会经常被使用到。如图 3-4 所示。

图 3-4　STM32F4XXX 标准外设库结构（2）

在介绍一些关键文件之前，首先我们来看看一个基于固件库的 STM32F4 工程需要哪些关键文件，这些文件之间有哪些关联关系。其实这个可以从 ST 提供的英文版的 STM32F4 固件库说明里面找到。这些文件它们之间的关系如图 3-5 所示。

core_cm4. h 文件位于 \ STM32F4xx_DSP_StdPeriph_Lib_V1. 4. 0 \ Libraries \ CMSIS \ Include 目录下面的，这个就是 CMSIS 核心文件，提供进入 M4 内核接口，这是 ARM 公司提供，对所有 CM4 内核的芯片都一样。你永远都不需要修改这个文件，所以这里我们就点到为止。stm32f4xx. h 和 system_stm32f4xx. h 件存放在文件夹 \ STM32F4xx_DSP_StdPeriph_Lib_V1. 4. 0 \ Libraries \ CMSIS \ Device \ ST \ STM32F4xx \ Include 下面。

system_stm32f4xx. h 是片上外设接入层系统头文件。主要是申明设置系统及总线时钟相关的函数。与其对应的源文件 system_stm32f4xx. c 在目录 \ STM32F4xx_DSP_StdPeriph_Lib_V1. 4. 0 \ Project \ STM32F4xx_StdPeriph_Templates 可以找到。这个里面有一个非常重

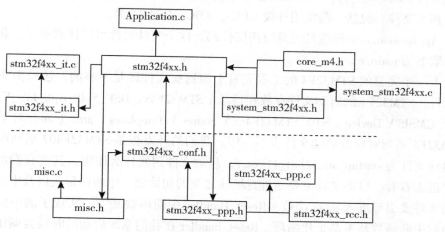

图 3-5 STM32F4XXX 文件关系

要的 SystemInit( ) 函数申明，这个函数在我们系统启动的时候都会调用，用来设置系统的整个系统和总线时钟。

stm32f4xx.h 是 STM32F4 片上外设访问层头文件。这个文件就相当重要了，只要你做 STM32F4 开发，你几乎时刻都要查看这个文件相关的定义。这个文件打开可以看到，里面非常多的结构体以及宏定义。这个文件里面主要是系统寄存器定义申明以及包装内存操作，对于这里是怎样申明以及怎样将内存操作封装起来的，我们在后面的章节"4.6 MDK 中寄存器地址名称映射分析"中会讲到。同时该文件还包含了一些时钟相关的定义，FPU 和 MPU 单元开启定义，中断相关定义等。

stm32f4xx _ it. c，stm32f4xx _ it. h 以 及 stm32f4xx _ conf. h 等 文 件，我 们 可 以 从 ＼ STM32F4xx_DSP_StdPeriph_Lib_V1. 4. 0 ＼ Project ＼ STM32F4xx_StdPeriph_Templates 文件夹中找到。

这几个文件我们后面新建工程也有用到。stm32f4xx_it. c 和 stm32f4xx_it. h 里面是用来编写中断服务函数，中断服务函数也可以随意编写在工程里面的任意一个文件里面，个人觉得这个文件没太大意义。

stm32f4xx_conf. h 是外设驱动配置文件。文件打开可以看到一堆的#include，这里你建立工程的时候，可以注释掉一些你不用的外设头文件。这里相信大家一看就明白。

对于图 3-5 中的 misc. c，misc. h，stm32f4xx_ppp. c，stm32f4xx_ppp. h 以及 stm32f4xx_rcc. c 和 stm32f4xx_rcc. h 文件，这些文件存放在目录 Libraries ＼ STM32F4xx_StdPeriph_ Driver。这些文件是 STM32F4 标准的外设库文件。其中 misc. c 和 misc. h 是定义中断优先级分组以及 Systick 定时器相关的函数。stm32f3xx_rcc. c 和 stm32f4xx_rcc. h 是与 RCC 相关的一些操作函数，作用主要是一些时钟的配置和使能。在任何一个 STM32 工程 RCC 相关的源文件和头文件是必须添加的。

对于文件 stm32f4xx_ppp. c 和 stm32f4xx_ppp. h，这就是 stm32F4 标准外设固件库对应的源文件和头文件。包括一些常用外设 GPIO，ADC，USART 等。

文件 Application. c 实际就是说是应用层代码。这个文件名称可以任意取了。我们工程中，直接取名为 main. c。

实际上一个完整的 STM32F4 的工程光有上面这些文件还是不够的。还缺少非常关键的启动文件。STM32F4 的启动文件存放在目录 \ STM32F4xx_DSP_StdPeriph_Lib_V1. 4. 0 \ Libraries \ CMSIS \ Device \ ST \ STM32F4xx \ Source \ Templates \ arm 下面。对于不同型号的 STM32F4 系列对应的启动文件也不一样。我们的开发板是 STM32F407 系列所以我们选择的启动文件为 startup_stm32f40_41xxx. s。启动文件到底什么作用，其实我们可以打开启动文件进去看看。启动文件主要是进行堆栈之类的初始化，中断向量表以及中断函数定义。启动文件要引导进入 main 函数。Reset_Handler 中断函数是唯一实现了的中断处理函数，其他的中断函数基本都是死循环。Reset_handler 在我们系统启动的时候会调用，下面让我们看看 Reset_handler 这段代码：

Reset handler

Reset_Handler PROC

EXPORT Reset_Handler［WEAK］

IMPORT SystemInit

IMPORT __main

LDR R0，=SystemInit

BLX R0

LDR R0，=__main

BX R0

ENDP

这段代码的作用是在系统复位之后引导进入 main 函数，同时在进入 main 函数之前，首先要调用 SystemInit 系统初始化函数。

3. 4　项目工程体系结构

1. 新建本地工程文件夹

了解 STM32 的标准库文件之后，我们就可以使用它来建立工程了，因为用库新建工程的步骤较多，我们一般是使用库建立一个空的工程，作为工程模板。以后直接复制一份工程模板，在它之下进行开发。为了使得工程目录更加清晰，我们在本地电脑上新建一个"工程模板"文件夹，在它之下再新建 6 个文件夹，见表 3-1 和图 3-6。在本地新建好文件夹后，把准备好的库文件添加到相应的文件夹下，见表 3-2。

表3-1　　　　　　　　　　　　　　**工程目录文件夹清单**

名　　称	作　　用
Doc	存放程序说明的文件，由写程序的人添加
Libraries	存放的是库文件
Listing	存放编译器编译的时候产生的 C/汇编/浏览的列表清单
Output	存放编译产生的测试信息、hex 文件、预览信息、封装库等文件
Project	存放工程文件
User	用户编写的驱动文件

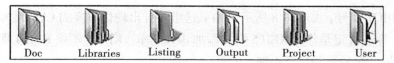

图 3-6　工程文件夹目录

表3-2　　　　　　　　　　　　　　**工程目录文件夹内容清单**

名　　称	作　　用
Doc	工程　说明.txt
Libraries	CMSIS：存放与 CM4 内核有关的库文件
	STM32F4xx_StdPeriph_Driver：STM32 外设文件库
Listing	暂时为空
Output	暂时为空
Project	暂时为空
User	stm32f4xx_conf.h：用来配置库的头文件
	stm32f4xx_it.h
	stm32f4xx_it.c：中断相关的函数都在文件编写。暂时为空
	main.c：main 函数文件

2. 新建工程

打开 KEIL5，新建一个工程，根据喜好命名工程，这里取 LED-LIB，保存在 Project \ RVMDK（uv5）文件夹下，见图 3-7。

1）选择 CPU 型号这个根据你开发板使用的 CPU 具体的型号来选择，对于 M4 挑战者，

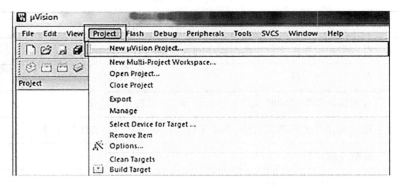

图 3-7　在 KEIL5 中新建工程

选 STM32F429IGT 型号，如图 3-8 所示。如果这里没有出现你想要的 CPU 型号，或者一个型号都没有，那么肯定是你的 KEIL5 没有添加 device 库，KEIL5 不像 KEIL4 那样自带了很多 MCU 的型号，而是需要自己添加。

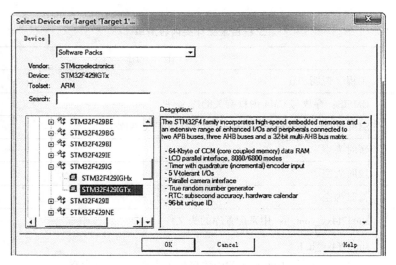

图 3-8　选择具体的 CPU 型号

　　2）在线添加库文件现在暂时不添加库文件，稍后手动添加。由于在线添加非常缓慢，因此单击关闭按钮，关闭添加窗口，见图 3-9。

　　3）添加组文件夹在新建工程中右击，选择 Add Group 选项，在新建的工程中添加 5 个组文件夹，见图 3-10。组文件夹用来存放各种不同的文件，见表 3-3。文件从本地建好的工程文件夹下获取，双击组文件夹就会出现添加文件的路径，然后选择文件即可。

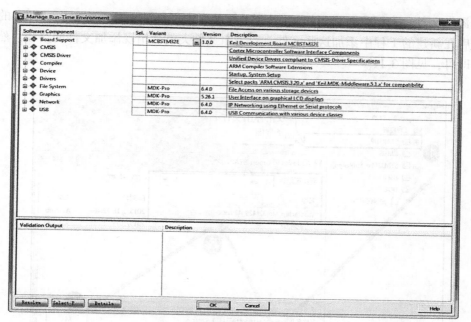

图 3-9　添加库文件窗口

表 3-3　　　　　　　　　　　　　　　　工程内组文件夹内容清单

名　称	作　用
STARTUP	存放汇编的启动文件：startup_stm32f429_439xx.s
STM32F4xx_StdPeriph_Driver	与 STM32 外设相关的文件库： · misc.c · stm32f4xx_ppp.c（ppp 代表外设名称）
USER	用户编写文件： · main.c，main 函数文件，暂时为空 · stm32f4xx_it.c，与中断有关的函数都放在这个文件中，暂时为空
DOC	工程说明.txt：程序说明文件，用于说明程序的功能和注意事项

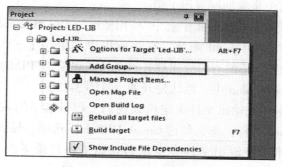

图 3-10　在工程中添加文件夹

4) 添加文件　先把上面提到的文件从 ST 标准库中复制到工程模板对应文件夹的目录下，然后在新建的工程中添加这些文件，双击组文件夹就会出现添加文件的路径，然后选择文件即可，见图 3-11。

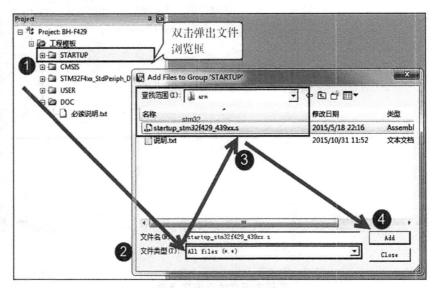

图 3-11　在工程中添加文件

设置文件是否加入编译 STM32F429 比较特殊，它的功能是 FMC 外设代替了 FSMC 外设，所以它的库文件与其他型号的芯片不一样。在添加外设文件时，stm32f4xx_fmc.c 和 stm32f4xx_fsmc.c 文件只能存在一个，而且 STM32F429 芯片必须用 fmc 文件。如果我们把外设库的所有文件都添加进工程，也可以使用图 3-12 中的方法，设置文件不加入编译，就不会导致编译问题。这种设置在开发时也很常用，暂时不把文件加进编译，方便调试。

3. 配置魔术棒选项卡

这一步的配置工作很重要，很多开发板的串口用不了 printf 函数，编译时会有问题，或下载有问题，都是这个步骤的配置出了错。

1) 选择魔术棒选项卡，在 Target 中选中"使用微库"（Use MicroLib），为的是在日后编写串口驱动的时候可以使用 printf 函数。有些应用中如果用了 STM32 的浮点运算单元 FPU，一定要同时开微库，不然有时会出现各种奇怪的现象。FPU 的开关选项在微库配置选项下方的 Use Single Precision 中，默认是开的，见图 3-13。

2) 在 Output 选项卡中把输出文件夹定位到我们工程目录下的 output 文件夹，如果想在编译的过程中生成 hex 文件，那么勾选 Create HEX File 选项，见图 3-14。

3) 在 Listing 选项卡中把输出文件夹定位到我们工程目录下的 Listing 文件夹，见图 3-15。

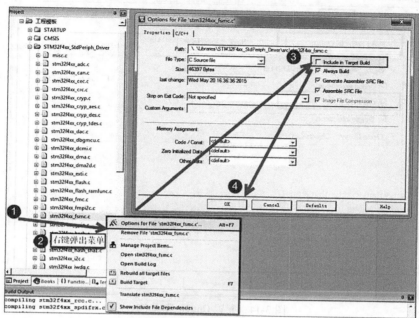

图 3-12　设置文件是否加入编译

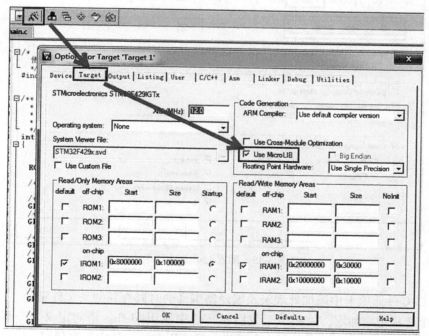

图 3-13　添加微库

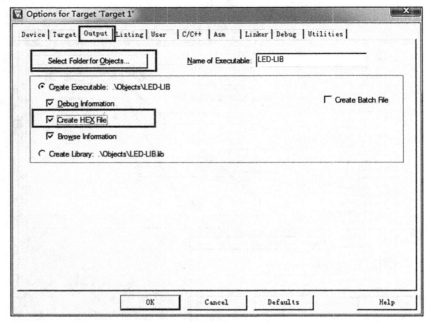

图 3-14　配置 Output 选项卡

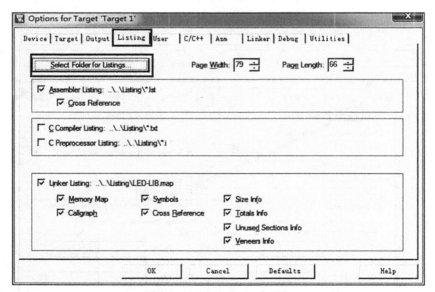

图 3-15　配置 Listing 选项卡

4) 在 C/C++选项卡中添加处理宏及编译器编译的时候查找的头文件路径，见图 3-16。

在这个选项中添加宏，就相当于我们在文件中使用#define 语句定义宏一样。在编译器中添加宏的好处就是，只要用了这个模板，就不用在源文件中修改代码。

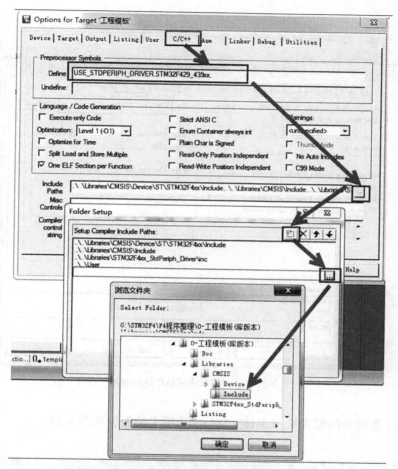

图 3-16 配置 C/C++选项卡

·STM32F429_439xx 宏：告诉 STM32 标准库，我们使用的芯片是 STM32F429 型号，使 STM32 标准库根据我们选定的芯片型号来配置。

·USE_STDPERIPH_DRIVER 宏：让 stm32f4xx.h 包含 stm32f4xx_conf.h 头文件。

图 3-16 中 Include Paths 里添加的是头文件的路径，如果编译的时候提示说找不到头文件，一般就是这里配置出了问题。把头文件放到了哪个文件夹，就把该文件夹添加到这里即可。使用图 3-16 中的方法用文件浏览器去添加路径，不要直接输入路径，这容易出错。

4. 下载器配置

在 Fire-Debugger 仿真器连接好电脑和开发板且开发板供电正常的情况下，打开编译软件 KEIL，在魔术棒选项卡里面选择仿真器的型号，具体过程如下。

1）Debug 选项卡的配置见图 3-17。

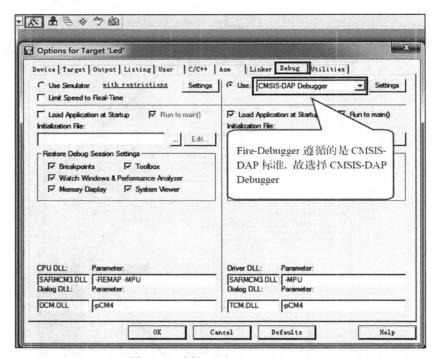

图 3-17　选择 CMSIS-DAP Debugger

2）Utilities 选项卡的配置见图 3-18。Debug 选项卡的配置见图 3-19。

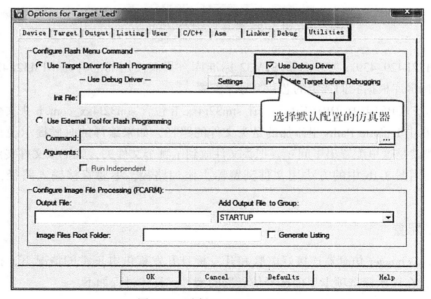

图 3-18　选择 Use Debug Driver

5. 选择 Flash 大小

选择目标板，具体选择多大的 Flash 要根据板子上的芯片型号决定。F429-"挑战者"选 1M。这里面有个小技巧就是把 Reset and Run 也勾选上，这样程序下载完之后就会自动运行，否则需要手动复位。擦除的 Flash 大小选择 Erase Sectors 即可，不要选择 Erase Full Chip，不然下载会比较慢，见图 3-20。

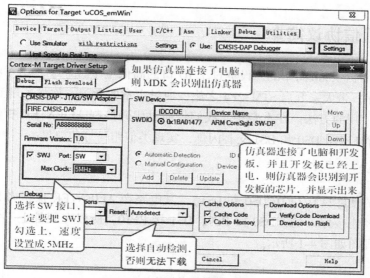

图 3-19 Debug 选项卡的配置

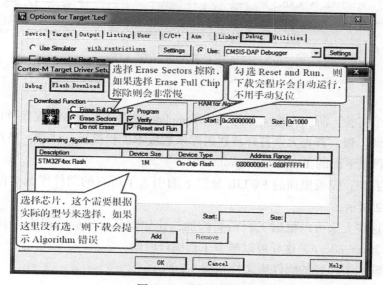

图 3-20 选择目标板

107

第4章 通用 IO 应用开发

4.1 串口通信协议简介

任何一个单片机，最简单的外设莫过于 IO 口的高低电平控制了，本章将通过一个经典的跑马灯程序，带大家开启 STM32F4 之旅，通过本章的学习，你将了解到 STM32F4 的 IO 口作为输出使用的方法。在本章中，我们将通过代码控制 ALIENTEK 探索者 STM32F4 开发板上的两个 LED：DS0 和 DS1 交替闪烁，实现类似跑马灯的效果。

1. 硬件设计

本章用到的硬件只有 LED（DS0 和 DS1），其电路在 ALIENTEK 探索者 STM32F4 开发板上默认是已经连接好了的，DS0 接 PF9，DS1 接 PF10，所以在硬件上不需要动任何东西。其连接原理图如图 4-1 所示。

图 4-1　硬件连接原理图

2. 软件设计

这是第一个实验，所以先教大家怎么从 Template 工程一步一步加入固件库以及 led 相关的驱动函数到工程。首先大家打开新建的库函数版本工程模板，注意，是直接点击工程下面的 USER 目录下面的 Template. uvproj。

大家可以看到，模板里面的 FWLIB 分组下面引入了所有的固件库源文件和对应的头文件，如图 4-2 所示。

实际上，这些大家可以根据工程需要添加，比如跑马灯实验并没有用到 ADC，自然可以去掉 stm32f4xx_adc.c，这样可以减少工程编译时间。

跑马灯实验主要用到的固件库文件如图 4-3 所示。

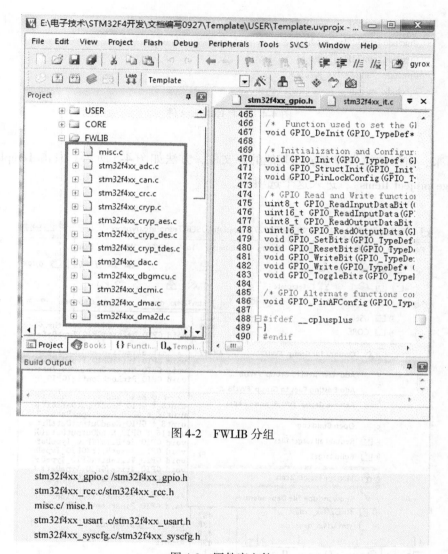

图 4-2　FWLIB 分组

stm32f4xx_gpio.c /stm32f4xx_gpio.h
stm32f4xx_rcc.c/stm32f4xx_rcc.h
misc.c/ misc.h
stm32f4xx_usart .c/stm32f4xx_usart.h
stm32f4xx_syscfg.c/stm32f4xx_syscfg.h

图 4-3　固件库文件

其中 stm32f4xx_rcc. h 头文件在每个实验中都要引入，因为系统时钟配置函数以及相关的外设时钟使能函数都在这个其源文件 stm32f4xx_rcc. c 中。stm32f4xx_usart. h 和 misc. h 头文件和对应的源文件在 SYSTEM 文件夹中都需要使用到，所以每个实验都会引用。stm32f4xx_syscfg. h 和对应的源文件虽然本实验也没有用到，但是后面很多实验都要使用到，所以不妨也添加进来。在 stm32f4xx_conf. h 文件里面，这些头文件默认都是打开的，实际可以不用理。当然也可以注释掉其他不用的头文件，如图 4-4 所示，但是如果你引入了某个源文件，一定不能不包含对应的头文件。

```
#include "stm32f4xx_gpio.h"
#include "stm32f4xx_rcc.h"
#include "stm32f4xx_usart.h"
#include "stm32f4xx_syscfg.h"
#include "misc.h"
```

图 4-4　注释掉的头文件

接下来，讲解怎样去掉多余的其他的源文件，方法如图 4-5 所示，右击 Template，选择"Manage project Items"，进入这个选项卡。

图 4-5　去掉多余的其他的源文件(1)

选中"FWLIB"分组，然后选中不需要的源文件点击删除按钮删掉，留下图 4-6 中使用到的五个源文件，然后点击 OK。

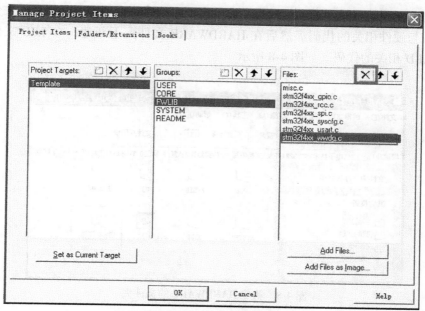

图 4-6 去掉多余的其他的源文件(2)

这样工程 FWLIB 下面只剩下五个源文件，如图 4-7 所示。

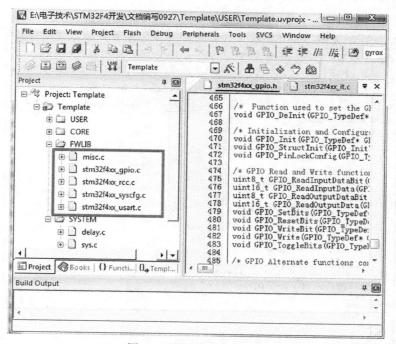

图 4-7 剩下的五个源文件

　　然后进入工程的目录，在工程根目录文件夹下面新建一个 HARDWARE 的文件夹，用来存储以后与硬件相关的代码。然后在 HARDWARE 文件夹下新建一个 LED 文件夹，用来存放与 LED 相关的代码。如图 4-8 所示。

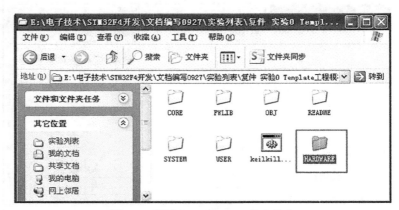

图 4-8　新建 HARDWARE 的文件夹

　　接下来，回到工程(如果是使用的上面新建的工程模板，那么就是 Template. uvproj，大家可以将其重命名为 LED. uvproj)，按按钮新建一个文件，然后保存在 HARDWARE->LED 文件夹下面，保存为 led. c，操作步骤如图 4-9 和图 4-10 所示。

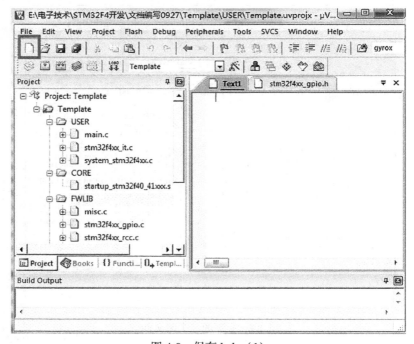

图 4-9　保存 led. c(1)

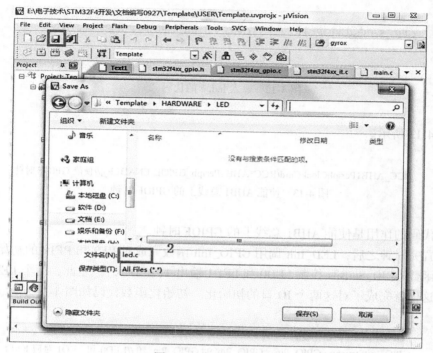

图 4-10 保存 led. c(2)

然后在 led. c 文件中输入如下代码, 如图 4-11、图 4-12 所示, 输入后保存即可。

```
#include "led.h"
//初始化 PF9 和 PF10 为输出口,并使能这两个口的时钟
//LED IO 初始化
void LED_Init(void)
{
    GPIO_InitTypeDef  GPIO_InitStructure;
    RCC_AHB1PeriphClockCmd(RCC_AHB1Periph_GPIOF, ENABLE);//使能 GPIOF 时钟
    //GPIOF9,F10 初始化设置
    GPIO_InitStructure.GPIO_Pin = GPIO_Pin_9 | GPIO_Pin_10;//LED0 和 LED1 对应 IO 口
    GPIO_InitStructure.GPIO_Mode = GPIO_Mode_OUT;//普通输出模式
    GPIO_InitStructure.GPIO_OType = GPIO_OType_PP;//推挽输出
    GPIO_InitStructure.GPIO_Speed = GPIO_Speed_100MHz;//100MHz
    GPIO_InitStructure.GPIO_PuPd = GPIO_PuPd_UP;//上拉
    GPIO_Init(GPIOF, &GPIO_InitStructure);//初始化 GPIO
```

图 4-11 输入 led. c 的代码(1)

该代码里面就包含了一个函数 void LED_Init(void), 该函数的功能就是用来实现配置 PF9 和 PF10 为推挽输出。这里需要注意的是: 在配置 STM32 外设的时候, 任何时候都要先使能该外设的时钟! GPIO 是挂载在 AHB1 总线上的外设, 在固件库中对挂载在 AHB1 总线上的外设时钟使能是通过函数 RCC_AHB1PeriphClockCmd() 来实现的。看看我们的代

```
GPIO_SetBits(GPIOF,GPIO_Pin_9|GPIO_Pin_10);//GPIOF9,F10 设置高，灯灭

}
```

图 4-12　输入 led. c 的代码（2）

码，如图 4-13 所示。

```
RCC_AHB1PeriphClockCmd(RCC_AHB1Periph_GPIOF, ENABLE);//使能 GPIOF 时钟
```

图 4-13　使能 AHB1 总线上的 GPIOF 时钟

这行代码的作用是使能 AHB1 总线上的 GPIOF 时钟。

在设置完时钟之后，LED_Init 调用 GPIO_Init 函数完成对 PF9 和 PF10 的初始化配置，然后调用函数 GPIO_SetBits 控制 LED0 和 LED1 输出 1（LED 灭）。至此，两个 LED 的初始化完毕。这样就完成了对这两个 IO 口的初始化。初始化函数代码如图 4-14 所示。

```
//GPIOF9,F10 初始化设置
GPIO_InitStructure.GPIO_Pin = GPIO_Pin_9|GPIO_Pin_10;//LED0 和 LED1 对应 IO 口
GPIO_InitStructure.GPIO_Mode = GPIO_Mode_OUT;//普通输出模式
GPIO_InitStructure.GPIO_OType = GPIO_OType_PP;//推挽输出
GPIO_InitStructure.GPIO_Speed = GPIO_Speed_100MHz;//100MHz
GPIO_InitStructure.GPIO_PuPd = GPIO_PuPd_UP;//上拉
GPIO_Init(GPIOF, &GPIO_InitStructure);//初始化 GPIO

GPIO_SetBits(GPIOF,GPIO_Pin_9|GPIO_Pin_10);//GPIOF9,F10 设置高，灯灭
```

图 4-14　初始化函数代码

保存 led. c 代码，然后我们按同样的方法，新建一个 led. h 文件，也保存在 LED 文件夹下面。在 led. h 中输入如图 4-15 所示代码。

```
#ifndef __LED_H
#define __LED_H
#include "sys.h"
//LED 端口定义
#define LED0 PFout(9) // DS0
#define LED1 PFout(10)// DS1

void LED_Init(void);//初始化
#endif
```

图 4-15　输入 led. h 代码

这段代码里面最关键就是 2 个宏定义，如图 4-16 所示。

```
#define LED0 PFout(9)  // DS0 PF9
#define LED1 PFout(10)// DS1 PF10
```

图 4-16　宏定义

这里使用的是位带操作来实现操作某个 IO 口的 1 个位的。需要说明的是，这里可以使用固件库操作来实现 IO 口操作。如图 4-17 所示。

```
GPIO_SetBits(GPIOF, GPIO_Pin_9);        //设置 GPIOF.9 输出 1,等同 LED0=1;
GPIO_ResetBits (GPIOF, GPIO_Pin_9);     //设置 GPIOF.9 输出 0,等同 LED0=0;
```

图 4-17　使用固件库操作实现 IO 口操作

将 led. h 也保存一下。接着，我们在 Manage Project Itmes 管理里面新建一个 HARDWARE 的组，并把 led. c 加入到这个组里面，如图 4-18 所示。

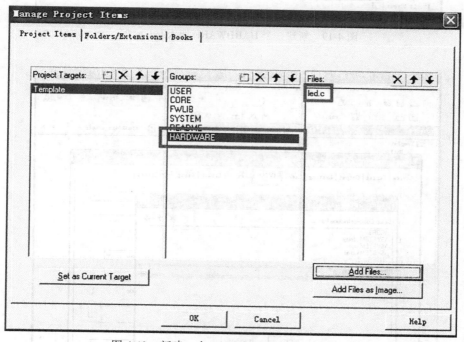

图 4-18　新建一个 HARDWARE 加入 led. c(1)

单击 OK，回到工程，然后你会发现在 Project Workspace 里面多了一个 HARDWARE 的组，在该组下面有一个 led. c 的文件。如图 4-19 所示。

然后将 led. h 头文件的路径加入到工程里面，点击 OK 回到主界面。如图 4-20 所示。

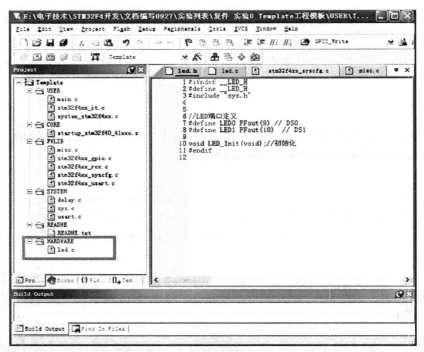

图 4-19　新建一个 HARDWARE 加入 led. c(2)

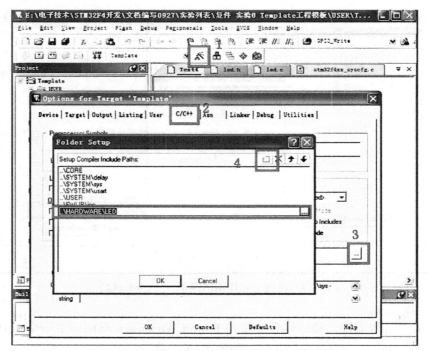

图 4-20　将 led. h 头文件的路径加入到工程

回到主界面后，在 main 函数里面编写如图 4-21 和图 4-22 所示代码。

```
#include "sys.h"
#include "delay.h"
#include "usart.h"
#include "led.h"

int main(void)
{
    delay_init(168);              //初始化延时函数
    LED_Init();                   //初始化 LED 端口

    /**下面是通过直接操作库函数的方式实现 IO 控制**/
    while(1)
    {
    GPIO_ResetBits(GPIOF,GPIO_Pin_9);   //LED0 对应引脚 GPIOF.9 拉低，亮  等同 LED0=0;
    GPIO_SetBits(GPIOF,GPIO_Pin_10);    //LED1 对应引脚 GPIOF.10 拉高，灭 等同 LED1=1;
    delay_ms(500);                      //延时 500ms
```

图 4-21 main 函数编写（1）

```
    GPIO_SetBits(GPIOF,GPIO_Pin_9);        //LED0 对应引脚 GPIOF.0 拉高，灭 等同 LED0=1;
    GPIO_ResetBits(GPIOF,GPIO_Pin_10);     //LED1 对应引脚 GPIOF.10 拉低，亮 等同 LED1=0;
    delay_ms(500);                         //延时 500ms
    }
}
```

图 4-22 main 函数编写（2）

代码包含了#include "led. h" 这句，使得 LED0、LED1、LED_Init 等能在 main( ) 函数里被调用。这里我们需要重申的是，在固件库中，系统在启动的时候会调用 system_stm32f4xx. c 中的函数 SystemInit( ) 对系统时钟进行初始化，在时钟初始化完毕之后会调用 main( ) 函数。所以我们不需要再在 main( ) 函数中调用 SystemInit( ) 函数。当然如果有需要重新设置时钟系统，可以写自己的时钟设置代码，SystemInit( ) 只是将时钟系统初始化为默认状态。main( ) 函数非常简单，先调用 delay_init( ) 初始化延时，接着就是调用 LED_Init( ) 来初始化 GPIOF. 9 和 GPIOF. 10 为输出。最后在死循环里面实现 LED0 和 LED1 交替闪烁，间隔为 500ms。

上面是通过库函数来实现的 IO 操作，我们也可以修改 main( ) 函数，直接通过位带操作达到同样的效果，大家不妨试试。位带操作的代码如图 4-23 所示。

117

```
int main(void)
{

    delay_init(168);          //初始化延时函数
    LED_Init();               //初始化 LED 端口
    while(1)
    {
        LED0=0;                   //LED0 亮
        LED1=1;                   //LED1 灭
        delay_ms(500);
        LED0=1;                   //LED0 灭
        LED1=0;                   //LED1 亮
        delay_ms(500);
    }
}
```

图 4-23　位带操作的代码

当然我们也可以通过直接操作相关寄存器的方法来设置 IO，我们只需要将主函数修改为如图 4-24 和图 4-25 所示内容。

```
int main(void)
{

    delay_init(168);          //初始化延时函数
    LED_Init();               //初始化 LED 端口
    while(1)
    {
     GPIOF->BSRRH=GPIO_Pin_9;//LED0 亮
     GPIOF->BSRRL=GPIO_Pin_10;//LED1 灭
     delay_ms(500);
     GPIOF->BSRRL=GPIO_Pin_9;//LED0 灭
     GPIOF->BSRRH=GPIO_Pin_10;//LED1 亮
```

图 4-24　修改主函数（1）

```
     delay_ms(500);
    }
}
```

图 4-25　修改主函数（2）

将主函数替换为上面代码，然后重新执行，可以看到，结果跟库函数操作和位带操作一样的效果。大家可以对比一下。这个代码在我们跑马灯实验的 main.c 文件中有注释掉，大家可以替换试试。然后编译工程，得到结果如图 4-26 所示。

118

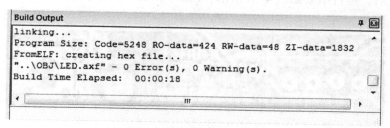

图 4-26 编译工程的结果

可以看到没有错误，也没有警告。从编译信息可以看出，我们的代码占用 FLASH 大小为：5672 字节（5248+424），所用的 SRAM 大小为：1880 个字节（1832+48）。

这里我们解释一下，编译结果里面的几个数据的意义：

Code：表示程序所占用 FLASH 的大小（FLASH）。

RO-data：即 Read Only-data，表示程序定义的常量（FLASH）。

RW-data：即 Read Write-data，表示已被初始化的变量（SRAM）。

ZI-data：即 Zero Init-data，表示未被初始化的变量（SRAM）。

有了这个就可以知道你当前使用的 flash 和 sram 大小了，所以，一定要注意的是程序的大小不是 .hex 文件的大小，而是编译后的 Code 和 RO-data 之和。

接下来，大家就可以下载验证了。如果有 JLINK，则可以用 jlink 进行在线调试（需要先下载代码），单步查看代码的运行。

3. 下载验证

这里我们使用 flymcu 下载（也可以通过 JLINK 等仿真器下载），如图 4-27 所示。

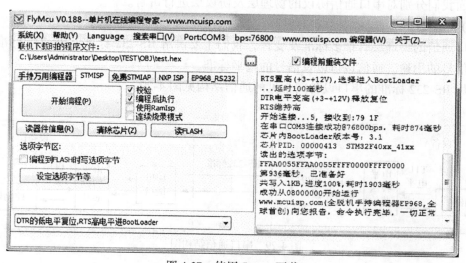

图 4-27 使用 flymcu 下载

下载完之后，运行结果如图 4-28 所示，LED0 和 LED1 循环闪烁。

图 4-28 运行结果

4.2 USART 外设应用开发

1. 串口通信协议简介

串口通信(Serial Communication)是一种设备间非常常用的串行通信方式，因为它简单便捷，大部分电子设备都支持该通信方式。电子工程师在调试设备时也经常使用该通信方式输出调试信息。

在计算机科学里，大部分复杂的问题都可以通过分层来简化。如芯片被分为内核层和片上外设；STM32 标准库则是在寄存器与用户代码之间的软件层。对于通信协议，我们也以分层的方式来理解，最基本的是把它分为物理层和协议层。物理层规定通信系统中具有机械、电子功能部分的特性，确保原始数据在物理媒体中的传输。协议层主要规定通信逻辑，统一收发双方的数据打包、解包标准。简单来说，物理层规定我们用"嘴巴"还是用"肢体"来交流，协议层则规定我们用"中文"还是"英文"来交流。

下面我们分别对串口通信协议的物理层及协议层进行讲解。

(1)物理层

串口通信的物理层有很多标准及变种，我们主要讲解 RS-232 标准。RS-232 标准主要规定了信号的用途、通信接口以及信号的电平标准。

使用 RS-232 标准的串口设备间常见的通信结构见图 4-29。

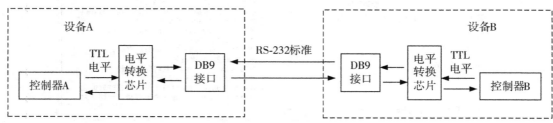

图 4-29 串口通信结构图

在上面的通信方式中，两个通信设备的"DB9 接口"之间通过串口信号线建立起连接，串口信号线中使用"RS-232 标准"传输数据信号。由于 RS-232 电平标准的信号不能直接被控制器直接识别，所以这些信号必须经过一个"电平转换芯片"转换成控制器能识别的"TTL 校准"的电平信号，才能实现通信。

1) 电平标准

根据通信使用的电平标准不同，串口通信可分为 TTL 标准及 RS-232 标准，见表 4-1。

表 4-1　　　　　　　　　　　**TTL 电平标准与 RS232 电平标准**

通信标准	电平标准(发送端)
5V TTL	逻辑 1：2.4V~5V 逻辑 0：0V~0.5V
RS-232	逻辑 1：−15V~−3V 逻辑 0：+3V~+15V

我们知道，常见的电子电路中常使用 TTL 的电平标准，理想状态下，使用 5V 表示二进制逻辑 1，使用 0V 表示逻辑 0；而为了增加串口通信的远距离传输及抗干扰能力，它使用−15V 表示逻辑 1，+15V 表示逻辑 0。使用 RS-232 与 TTL 电平标准表示同一个信号时的对比见图 4-30。

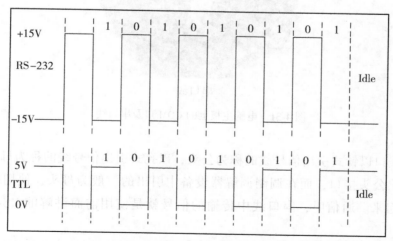

图 4-30　RS-232 与 TTL 电平标准下表示同一个信号

因为控制器一般使用 TTL 电平标准，所以常常会使用 MA3232 芯片对 TTL 及 RS-232

电平的信号进行互相转换。

2）RS-232 信号线

在最初的应用中，RS-232 串口标准常用于计算机、路由与调制调解器（MODEN，俗称"猫"）之间的通信。在这种通信系统中，设备被分为数据终端设备 DTE（计算机、路由）和数据通信设备 DCE（调制调解器）。我们以这种通信模型讲解它们的信号线连接方式及各个信号线的作用。

在旧式的台式计算机中一般会有 RS-232 标准的 COM 口（也称 DB9 接口），见图 4-31。

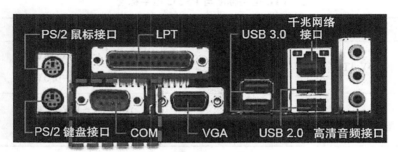

COM口即DB9接口

串口线

图 4-31　电脑主板上的 COM 口及串口线

其中接线口以针式引出信号线的称为公头，以孔式引出信号线的称为母头。在计算机中一般引出公头接口，而在调制调解器设备中引出的一般为母头，使用串口线即可把二者连接起来。通信时，串口线中传输的信号就是使用前面讲解的 RS-232 标准调制的。

在这种应用场合下，DB9 接口中的公头及母头的各个引脚的标准信号线接法见图4-32和表4-2。

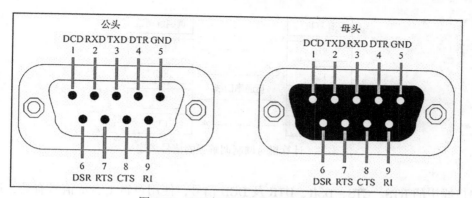

图 4-32 DB9 标准的公头及母头接法

表 4-2   DB9 信号线说明

序号	名称	符号	数据方向	说 明
1	载波检测	DCD	DTE→DCE	Data Carrier Detect，数据载波检测，用于 DTE 告知对方，本机是否收到对方的载波信号
2	接收数据	RXD	DTE←DCE	Receive Data，数据接收信号，即输入
3	发送数据	TXD	DTE→DCE	Transmit Data，数据发送信号，即输出。两个设备之间的 TXD 与 RXD 应交叉相连
4	数据终端（DTE）就绪	DTR	DTE→DCE	Data Terminal Ready，数据终端就绪，用于 DTE 向对方告知本机是否已准备好
5	信号地	GND	—	地线，两个通信设备之间的电位可能不一样，这会影响收发双方的电平信号，所以两个串口设备之间必须要使用地线连接，即共地
6	数据设备（DCE）就绪	DSR	DTE←DCE	Data Set Ready 数据发送就绪，用于 DCE 告知对方本机是否处于待命状态
7	请求发送	RTS	DTE→DCE	Request To Send，请求发送，DTE 请求 DCE 本设备向 DCE 端发送数据
8	允许发送	CTS	DTE←DCE	Clear To Send，允许发送，DCE 回应对方的 RTS 发送请求，告知对方是否可以发送数据
9	响铃指示	RI	DTE←DCE	Ring Indicator，响铃指示，表示 DCE 端与线路已接通

　　上表中的是计算机端的 DB9 公头标准接法，为方便理解，可把 DTE 理解为计算机，DCE 理解为调制解调器。由于两个通信设备之间的收发信号（RXD 与 TXD）应交叉相连，所以调制调解器端的 DB9 母头的收发信号接法一般与公头的相反，两个设备之间连接时，只要使用"直通型"的串口线连接起来即可，见图 4-33。

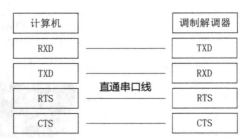

图 4-33　计算机与调制调解器的信号线连接

串口线中的 RTS、CTS、DSR、DTR 及 DCD 信号，使用逻辑 1 表示信号有效，逻辑 0 表示信号无效。例如，当计算机端控制 DTR 信号线表示为逻辑 1 时，它是为了告知远端的调制调解器，本机已准备好接收数据，0 则表示还没准备就绪。

在目前其他工业控制使用的串口通信中，一般只使用 RXD、TXD 和 GND 三条信号线，直接传输数据信号。而 RTS、CTS、DSR、DTR 和 DCD 信号都被裁剪掉了，如果被这些信号弄得晕头转向，可直接忽略它们。

（2）协议层

串口通信的数据包由发送设备通过自身的 TXD 接口传输到接收设备的 RXD 接口。在串口通信的协议层中，规定了数据包的内容，它由起始位、主体数据、校验位以及停止位组成。通信双方的数据包格式要约定一致才能正常收发数据，其组成见图 4-34。

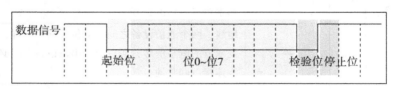

图 4-34　串口数据包的基本组成

1）波特率

本章中主要讲解的是串口异步通信，异步通信中由于没有时钟信号（如前面讲解的 DB9 接口），所以两个通信设备之间需要约定好波特率，即每个码元的长度，以便对信号进行解码，图 4-34 中用虚线分开的每一格就代表一个码元。常见的波特率为 4800、9600、115200 等。

2）通信的起始位和停止位

串口通信的一个数据包从起始位开始，直到停止位结束。数据包的起始位由一个逻辑 0 的数据位表示，而数据包的停止位可由 0.5、1、1.5 或 2 个逻辑 1 的数据位表示，只要双方约定一致即可。

3）有效数据

在数据包的起始位之后紧接着就是要传输的主体数据内容，也称为有效数据。有效数据的长度常被约定为 5、6、7 或 8 位长。

4）数据校验

在有效数据之后，有一个可选的数据校验位。由于数据通信相对更容易受到外部干扰导致传输数据出现偏差，可以在传输过程加上校验位来解决这个问题。校验方法有奇校验（odd）、偶校验（even）、0 校验（space）、1 校验（mark）以及无校验（noparity）：

·奇校验要求有效数据和校验位中"1"的个数为奇数，比如一个 8 位长的有效数据为：01101001，此时总共有 4 个"1"，为达到奇校验效果，校验位为"1"。最后传输的数据将是 8 位的有效数据加上 1 位的校验位，总共 9 位。

·偶校验与奇校验要求刚好相反，要求帧数据和校验位中"1"的个数为偶数，比如数据帧：11001010，此时数据帧"1"的个数为 4 个，所以偶校验位为"0"。

·0 校验是不管有效数据中的内容是什么，校验位总为"0"。

·1 校验是校验位总为"1"。

·在无校验的情况下，数据包中不包含校验位。

2. STM32 的 USART 简介

STM32 芯片具有多个 USART 外设用于串口通信，它是 Universal Synchronous Asynchronous Receiver and Transmitter 的缩写，即通用同步异步收发器，它可以灵活地与外部设备进行全双工数据交换。有别于 USART，还有一种 UART 外设（Universal Asynchronous Receiver and Transmitter），它是在 USART 基础上裁剪掉了同步通信功能，只有异步通信。简单区分同步和异步就是看通信时需要不需要对外提供时钟输出，我们平时用的串口通信基本都是 UART。

USART 满足外部设备对工业标准 NRZ 异步串行数据格式的要求，并且使用了小数波特率发生器，可以提供多种波特率，使得它的应用更加广泛。USART 支持同步单向通信和半双工单线通信；还支持局域互联网络 LIN、智能卡（SmartCard）协议与 lrDA（红外线数据协会）SIR ENDEC 规范。

USART 支持使用 DMA，可实现高速数据通信。USART 在 STM32 应用最多的莫过于"打印"程序信息，一般在硬件设计时都会预留一个 USART 通信接口连接电脑，用于在调试程序时可以把一些调试信息"打印"在电脑端的串口调试助手工具上，从而了解程序运行是否正确、指出运行出错位置等。

STM32 的 USART 输出的是 TTL 电平信号，若需要 RS-232 标准的信号可使用 MAX3232 芯片进行转换。

3. USART 功能框图

STM32 的 USART 功能框图包含了 USART 最核心内容，掌握了功能框图，对 USART 就有一个整体的把握，在编程时思路就非常清晰，见图 4-35。

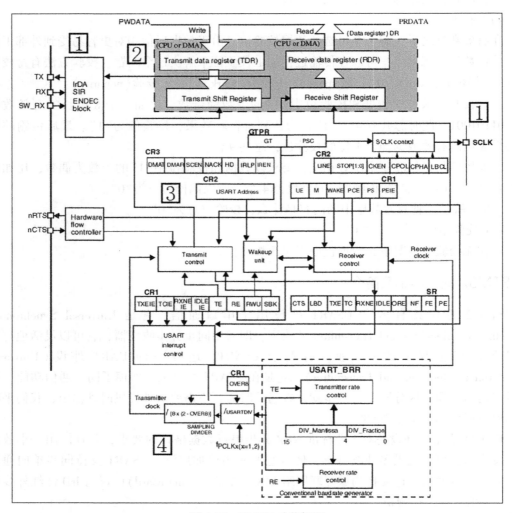

图 4-35　USART 功能框图

（1）功能引脚

见图 4-35 中（1）。

TX：发送数据输出引脚。

RX：接收数据输入引脚。

SW_RX：数据接收引脚，只用于单线和智能卡模式，属于内部引脚，没有具体外部引脚。

nRTS：请求以发送（Request To Send），n 表示低电平有效。如果使能 RTS 流控制，当 USART 接收器准备好接收新数据时就会将 nRTS 变成低电平；当接收寄存器已满时，nRTS 将被设置为高电平。该引脚只适用于硬件流控制。

nCTS：清除以发送（Clear To Send），n 表示低电平有效。如果使能 CTS 流控制，发送器在发送下一帧数据之前会检测 nCTS 引脚，如果为低电平，表示可以发送数据；如果为高电平，则在发送完当前数据帧之后停止发送。该引脚只适用于硬件流控制。

SCLK：发送器时钟输出引脚。这个引脚仅适用于同步模式。

USART 引脚在 STM32F429IGT6 芯片具体发布见表 4-3。

表 4-3　　　　　　　　　STM32F429IGT6 芯片的 USART 引脚

	APB2（最高 90MHz）		APB1（最高 45MHz）						
	USART1	USART6	USART2	USART3	UART4	UART5	UART7	UART8
TX	PA9/PB6	PC6/PG14	PA2/PD5	PB10/PD8/PC10	PA0/PC10	PC12	PF7/PF8	PE1
RX	PA10/PB7	PC7/PG9	PA3/PD6	PB11/PD9/PC11	PA1/PC11	PD2	PF6/PE7	PE0
SCLK	PA8	PG7/PC8	PA4/PD7	PB12/PD10/PC12				
nCTS	PA11	PG13/PG15	PA0/PD3	PB13/PD11				
nRTS	PA12	PG8/PG12	PA1/PD4	PB14/PD12				

STM32F42xxx 系统控制器有 4 个 USART 和 4 个 UART，其中 USART1 和 USART6 的时钟来源于 APB2 总线时钟，其最大频率为 90MHz，其他 6 个时钟来源于 APB1 总线时钟，其最大频率为 45MHz。

UART 只是异步传输功能，所以没有 SCLK、nCTS 和 nRTS 功能引脚。

观察表 4-3 可发现，很多 USART 的功能引脚有多个引脚可选，这非常方便硬件设计，只要在程序编程时软件绑定引脚即可。

（2）数据寄存器

见图 4-35 中（2）。

USART 数据寄存器（USART_DR）只有低 9 位有效，并且第 9 位数据是否有效要取决于 USART 控制寄存器 1（USART_CR1）的 M 位设置，M 位为 0 表示 8 位数据字长；M 位为 1 表示 9 位数据字长。我们一般使用 8 位数据字长。

USART_DR 包含了已发送的数据或者接收到的数据。USART_DR 实际上包含了两个寄存器：一个是专门用于发送的可写 TDR，一个是专门用于接收的可读 RDR。当进行发送操作时，往 USART_DR 写入数据会自动存储在 TDR 内；当进行读取操作时，向 USART _DR 读取数据会自动提取 RDR 数据。

TDR 和 RDR 都介于系统总线和移位寄存器之间。串行通信是一个位一个位传输的，发送时把 TDR 内容转移到发送移位寄存器，然后把移位寄存器数据每一位发送出去，接收时把接收到的每一位顺序保存在接收移位寄存器内，然后才转移到 RDR。

USART 支持 DMA 传输，可以实现高速数据传输。

(3)控制器

见图 4-35 中(3)。

USART 有专门控制发送的发送器、控制接收的接收器，还有唤醒单元、中断控制等。使用 USART 之前需要向 USART_CR1 寄存器的 UE 位置 1，使能 USART。发送或者接收数据字长可选 8 位或 9 位，由 USART_CR1 的 M 位控制。

1)发送器

当 USART_CR1 寄存器的发送使能位 TE 置 1 时，启动数据发送。发送移位寄存器的数据会在 TX 引脚输出，如果是同步模式 SCLK 也输出时钟信号。

一个字符帧发送需要 3 个部分：起始位+数据帧+停止位。起始位是一个位周期的低电平，位周期就是每一位占用的时间；数据帧就是我们要发送的 8 位或 9 位数据，数据是从最低位开始传输的；停止位是一定时间周期的高电平。

停止位时间长短是可以通过 USART 控制寄存器 2(USART_CR2)的 STOP[1：0]位控制，可选 0.5 个、1 个、1.5 个和 2 个停止位。默认使用 1 个停止位。2 个停止位适用于正常 USART 模式、单线模式和调制解调器模式；0.5 个和 1.5 个停止位用于智能卡模式。

当选择 8 位字长，使用 1 个停止位时，具体发送字符时序图见图 4-36。

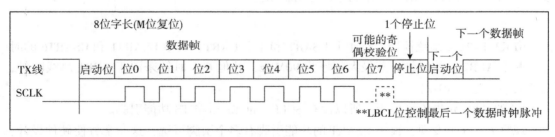

图 4-36　字符发送时序图

当发送使能位 TE 置 1 之后，发送器先发送一个空闲帧(一个数据帧长度的高电平)，接下来就可以往 USART_DR 寄存器写入要发送的数据。在写入最后一个数据后，需要等待 USART 状态寄存器(USART_SR)的 TC 位为 1，表示数据传输完成。如果 USART_CR1 寄存器的 TCIE 位置 1，将产生中断。

在发送数据时，编程的时候有几个比较重要的标志位，见表 4-4。

表 4-4　　　　　　　　　　　　　　　重要标志位

名称	描述
TE	发送使能
TXE	发送寄存器为空，发送单个字节的时候使用
TC	发送完成，发送多个字节数据的时候使用
TXIE	发送完成中断使能

2）接收器

如果将 USART_CR1 寄存器的 RE 位置 1，使能 USART 接收，使得接收器在 RX 线开始搜索起始位。在确定起始位后就根据 RX 线电平状态把数据存放在接收移位寄存器内。接收完成后就把接收移位寄存器数据移到 RDR 内，并把 USART_SR 寄存器的 RXNE 位置 1，同时如果 USART_CR2 寄存器的 RXNEIE 置 1 的话，可以产生中断。

在接收数据时，编程的时候有几个比较重要的标志位，见表 4-5。

表 4-5   重要标志位

名称	描述
RE	接收使能
RXNE	读数据寄存器非空
RXNEIE	发送完成中断使能

为得到一个信号真实情况，需要用一个比这个信号频率高的采样信号去检测，这称为过采样。这个采样信号的频率大小决定最后得到源信号准确度，一般频率越高得到的准确度越高，但为了得到越高频率采样信号也越困难，运算和功耗等也会增加。所以一般选择合适就好。

接收器可配置为不同的过采样技术，以实现从噪声中提取有效的数据。USART_CR1 寄存器的 OVER8 位用来选择不同的采样方法，如果 OVER8 位设置为 1 采用 8 倍过采样，即用 8 个采样信号采样一位数据；如果 OVER8 位设置为 0 则采用 16 倍过采样，即用 16 个采样信号采样一位数据。

USART 的起始位检测需要用到特定序列。如果在 RX 线识别到该特定序列，就认为是检测到了起始位。起始位检测对使用 16 倍或 8 倍过采样的序列都是一样的。该特定序列为 1110X0X0X0000，其中 X 表示电平任意，1 或 0 皆可。

8 倍过采样速度更快，最高速度可达 fPCLK/8，fPCLK 为 USART 时钟，采样过程见图 4-37。使用第 4、5、6 次脉冲的值决定该位的电平状态。

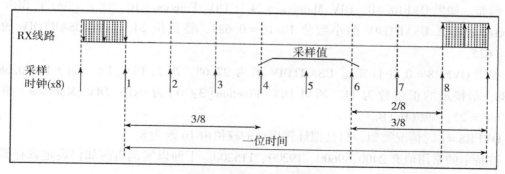

图 4-37 8 倍过采样过程

16 倍过采样速度虽然没有 8 倍过采样那么快，但得到的数据更加精准，其最大速度为 fPCLK/16，采样过程见图 4-38。使用第 8、9、10 次脉冲的值决定该位的电平状态。

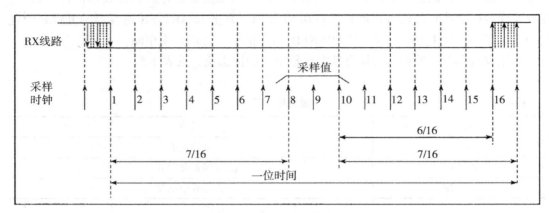

图 4-38　16 倍过采样过程

（4）小数波特率生成

见图 4-35 中（4）。

波特率指数据信号对载波的调制速率，它用单位时间内载波调制状态改变次数来表示，单位为波特。比特率指单位时间内传输的比特数，单位为 bit/s（bps）。对于 USART 波特率与比特率相等的情况，以后不区分这两个概念。波特率越大，传输速率越快。

USART 的发送器和接收器使用相同的波特率。计算公式如下：

$$波特率 = \frac{f_{PLCK}}{8 \times (2 - OVER8) \times USARTDIV}$$

其中，fPLCK 为 USART 时钟，参考表 4-3；OVER8 为 USART_CR1 寄存器的 OVER8 位对应的值，USARTDIV 是一个存放在波特率寄存器（USART_BRR）的一个无符号定点数。其中 DIV_Mantissa[11：0] 位定义 USARTDIV 的整数部分，DIV_Fraction[3：0] 位定义 USARTDIV 的小数部分，DIV_Fraction[3] 位只有在 OVER8 位为 0 时有效，否则必须清零。

例如，如果 OVER8 = 0，DIV_Mantissa = 24 且 DIV_Fraction = 10，此时 USART_BRR 值为 0x18A；那么 USARTDIV 的小数位 10/16 = 0.625，整数位 24，最终 USARTDIV 的值为 24.625。

如果 OVER8 = 0 并且知道 USARTDIV 值为 27.68，那么 DIV_Fraction = 16 × 0.68 = 10.88，最接近的正整数为 11，所以 DIV_Fraction[3：0] 为 0xB；DIV_Mantissa = 整数（27.68）= 27，即位 0x1B。

OVER8 = 1 时情况类似，只是把计算用到的权值由 16 改为 8。

波特率的常用值有 2400、9600、19200、115200。下面以实例讲解如何设定寄存器值得到波特率的值。

由表 4-3 可知，USART1 和 USART6 使用 APB2 总线时钟，最高可达 90MHz，其他 USART 的最高频率为 45MHz。我们选取 USART1 作为实例讲解，即 fPLCK＝90MHz。

当我们使用 16 倍过采样时，即 OVER8＝0，为得到 115200bps 的波特率，此时：

$$115\ 200 = \frac{90\ 000\ 000}{8 \times 2 \times USARTDIV}$$

解得 USARTDIV＝48.825125，可算得 DIV_Fraction＝0xD，DIV_Mantissa＝0x30，即应该设置 USART_BRR 的值为 0x30D。

在计算 DIV_Fraction 时经常出现小数情况，经过我们取舍得到整数，这样会导致最终输出的波特率较目标值略有偏差。下面我们从 USART_BRR 的值为 0x30D 开始计算，得出实际输出的波特率大小。

由 USART_BRR 的值为 0x30D 可得，DIV_Fraction＝13，DIV_Mantissa＝48，所以 USARTDIV＝48＋16×0.13＝48.8125，所以实际波特率为 115237。这个值与我们的目标波特率的误差为 0.03%，这么小的误差在正常通信的允许范围内。

8 倍过采样时，计算情况原理是一样的。

（5）校验控制

STM32F4xx 系列控制器 USART 支持奇偶校验。当使用校验位时，串口传输的长度将是 8 位的数据帧加上 1 位的校验位，总共 9 位，此时 USART_CR1 寄存器的 M 位需要设置为 1，即 9 数据位。将 USART_CR1 寄存器的 PCE 位置 1 就可以启动奇偶校验控制，奇偶校验由硬件自动完成。启动了奇偶校验控制之后，在发送数据帧时会自动添加校验位，接收数据时自动验证校验位。接收数据时如果出现奇偶校验位验证失败，会将 USART_SR 寄存器的 PE 位置 1，并可以产生奇偶校验中断。

使能了奇偶校验控制后，每个字符帧的格式将变成：起始位＋数据帧＋校验位＋停止位。

（6）中断控制

USART 有多个中断请求事件，具体见表 4-6。

表 4-6 USART 中断请求

中断事件	事件标志	使能控制位
发送数据寄存器为空	TXE	TXEIE
CTS 标志	CTS	CTSIE
发送完成	TC	TCIE
准备好读取接收到的数据	RXNE	RXNEIE
检测到上溢错误	ORE	
检测到空闲线路	IDLE	IDLEIE
奇偶校验错误	PE	PEIE

续表

中断事件	事件标志	使能控制位
断路标志	LBD	LBDIE
多缓冲通信中的噪声标志，上溢错误和帧错误	NF/ORE/FE	EIE

4. USART 初始化结构体详解

标准库函数对每个外设都建立了一个初始化结构体，比如 USART_InitTypeDef。结构体成员用于设置外设工作参数，并由外设初始化配置函数，比如 USART_Init( )调用。这些设定参数将会设置外设相应的寄存器，达到配置外设工作环境的目的。

初始化结构体和初始化库函数配合使用是标准库精髓所在，理解了初始化结构体每个成员意义基本上就可以对该外设运用自如了。初始化结构体定义在 stm32f4xx_usart. h 文件中，初始化库函数定义在 stm32f4xx_usart. c 文件中，编程时我们可以结合这两个文件中的注释使用。

USART 初始化结构体定义如下：

1 typedef struct {

2 uint32_t USART_BaudRate；//波特率

3 uint16_t USART_WordLength；//字长

4 uint16_t USART_StopBits；//停止位

5 uint16_t USART_Parity；//校验位

6 uint16_t USART_Mode；// USART 模式

7 uint16_t USART_HardwareFlowControl；//硬件流控制

8 } USART_InitTypeDef；

（1）USART_BaudRate：波特率设置。一般设置为 2400、9600、19200、115200。标准库函数会根据设定值计算得到 USARTDIV 值，见公式 19-1，并设置 USART_BRR 寄存器值。

（2）USART_WordLength：数据帧字长，可选 8 位或 9 位。它设定 USART_CR1 寄存器的 M 位的值。如果没有使能奇偶校验控制，一般使用 8 位数据位；如果使能了奇偶校验，则一般设置为 9 位数据位。

（3）USART_StopBits：停止位设置，可选 0.5 个、1 个、1.5 个和 2 个停止位，它设定 USART_CR2 寄存器的 STOP[1：0]位的值，一般我们选择 1 个停止位。

（4）USART_Parity：奇偶校验控制选择。可选 USART_Parity_No(无校验)、USART_Parity_Even(偶校验)以及 USART_Parity_Odd(奇校验)，它设定 USART_CR1 寄存器的 PCE 位和 PS 位的值。

（5）USART_Mode：USART 模式选择，有 USART_Mode_Rx 和 USART_Mode_Tx 两种模

式，允许使用"逻辑或"运算选择两个，它设定 USART_CR1 寄存器的 RE 位和 TE 位。

（6）USART_HardwareFlowControl：硬件流控制选择，只有在硬件流控制模式下才有效，可选有：使能 RTS、使能 CTS、同时使能 RTS 和 CTS、不使能硬件流。

当使用同步模式时，需要配置 SCLK 引脚输出脉冲的属性。标准库使用一个时钟初始化结构体 USART_ClockInitTypeDef 来设置，因此该结构体内容也只有在同步模式下才需要设置。

USART 时钟初始化结构体定义如下：

```
1 typedef struct {
2 uint16_t USART_Clock；//时钟使能控制
3 uint16_t USART_CPOL；//时钟极性
4 uint16_t USART_CPHA；//时钟相位
5 uint16_t USART_LastBit；//最尾位时钟脉冲
6 } USART_ClockInitTypeDef；
```

1）USART_Clock：同步模式下 SCLK 引脚上时钟输出使能控制，可选禁止时钟输出（USART_Clock_Disable）或开启时钟输出（USART_Clock_Enable）。如果使用同步模式发送，一般都需要开启时钟。它设定 USART_CR2 寄存器的 CLKEN 位的值。

2）USART_CPOL：同步模式下 SCLK 引脚上输出时钟极性设置，可设置在空闲时 SCLK 引脚为低电平（USART_CPOL_Low）或高电平（USART_CPOL_High）。它设定 USART_CR2 寄存器的 CPOL 位的值。

3）USART_CPHA：同步模式下 SCLK 引脚上输出时钟相位设置，可设置在时钟第一个变化沿捕获数据（USART_CPHA_1Edge）或在时钟第二个变化沿捕获数据。它设定 USART_CR2 寄存器的 CPHA 位的值。USART_CPHA 与 USART_CPOL 配合使用可以获得多种模式时钟关系。

4）USART_LastBit：选择在发送最后一个数据位的时候时钟脉冲是否在 SCLK 引脚输出，可以是不输出脉冲（USART_LastBit_Disable）、输出脉冲（USART_LastBit_Enable）。它设定 USART_CR2 寄存器的 LBCL 位的值。

5. USART1 接发通信实验

USART 只需两根信号线即可完成双向通信，对硬件要求低，使得很多模块都预留 USART 接口来实现与其他模块或者控制器进行数据传输，比如 GSM 模块、WiFi 模块、蓝牙模块等。在硬件设计时，注意还需要一根"共地线"。

我们经常使用 USART 来实现控制器与电脑之间的数据传输，这使得我们调试程序非常方便。比如我们可以把一些变量的值、函数的返回值、寄存器标志位等通过 USART 发送到串口调试助手，这样我们可以非常清楚程序的运行状态。当我们正式发布程序时再把这些调试信息去除即可。

我们不仅可以将数据发送到串口调试助手，还可以在串口调试助手发送数据给控制器，控制器程序根据接收到的数据进行下一步工作。

　　首先，我们来编写一个程序实现开发板与电脑通信，在开发板上电时通过 USART 发送一串字符串给电脑，然后开发板进入中断接收等待状态，如果电脑有发送数据过来，开发板就会产生中断，我们在中断服务函数中接收数据，并马上把数据返回发送给电脑。

　　(1) 硬件设计

　　为利用 USART 实现开发板与电脑通信，需要用到一个 USB 转 USART 的 IC，我们选择 CH340G 芯片来实现这个功能。CH340G 是一个 USB 总线的转接芯片，实现 USB 转 USART、USB 转 IrDA 红外或者 USB 转打印机接口。我们使用其 USB 转 USART 功能。具体电路设计见图 4-39。

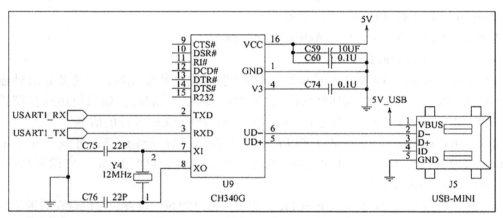

图 4-39　USB 转串口 USART 硬件设计

　　我们将 CH340G 的 TXD 引脚与 USART1 的 RX 引脚连接，CH340G 的 RXD 引脚与 USART1 的 TX 引脚连接。CH340G 芯片集成在开发板上，其地线(GND)已与控制器的 GND 连通。

　　(2) 软件设计

　　这里只讲解核心的部分代码，有些变量的设置、头文件的包含等并没有涉及，完整的代码请参考本章配套的工程。我们创建了两个文件 bsp_debug_usart.c 和 bsp_debug_usart.h，用来存放 USART 驱动程序及相关宏定义。

　　1) 编程要点

　　① 使能 RX 和 TX 引脚 GPIO 时钟和 USART 时钟；

　　② 初始化 GPIO，并将 GPIO 复用到 USART 上；

　　③ 配置 USART 参数；

　　④ 配置中断控制器并使能 USART 接收中断；

　　⑤ 使能 USART；

　　⑥ 在 USART 接收中断服务函数实现数据接收和发送。

2）代码分析

①GPIO 和 USART 宏定义

代码清单 GPIO 和 USART 宏定义

1 #define DEBUG_USART USART1

2 #define DEBUG_USART_CLK RCC_APB2Periph_USART1

3 #define DEBUG_USART_BAUDRATE 115200 //串口波特率

4

5 #define DEBUG_USART_RX_GPIO_PORT GPIOA

6 #define DEBUG_USART_RX_GPIO_CLK RCC_AHB1Periph_GPIOA

7 #define DEBUG_USART_RX_PIN GPIO_Pin_10

8 #define DEBUG_USART_RX_AF GPIO_AF_USART1

9 #define DEBUG_USART_RX_SOURCE GPIO_PinSource10

10

11 #define DEBUG_USART_TX_GPIO_PORT GPIOA

12 #define DEBUG_USART_TX_GPIO_CLK RCC_AHB1Periph_GPIOA

13 #define DEBUG_USART_TX_PIN GPIO_Pin_9

14 #define DEBUG_USART_TX_AF GPIO_AF_USART1

15 #define DEBUG_USART_TX_SOURCE GPIO_PinSource9

16

17#define   DEBUG_USART_IRQHandler   USART1_IRQHandler18   #define DEBUG_USART_IRQ USART1_IRQn

使用宏定义方便程序移植和升级，根据图 4-39 电路，我们选择使用 USART1，设定波特率为 115200。一般默认使用 "8-N-1" 参数，即 8 个数据位、不用校验、一位停止位。USART1 的 TX 线可对于 PA9 和 PB6 引脚，RX 线可对于 PA10 和 PB7 引脚，这里我们选择 PA9 以及 PA10 引脚。最后定义中断相关参数。

②嵌套向量中断控制器 NVIC 配置

代码清单中断控制器 NVIC 配置

1 static void NVIC_Configuration(void)

2 {

3 NVIC_InitTypeDef NVIC_InitStructure;

4

5 /＊嵌套向量中断控制器组选择 ＊/

6 NVIC_PriorityGroupConfig(NVIC_PriorityGroup_2);

7

8 /＊配置 USART 为中断源 ＊/

9 NVIC_InitStructure. NVIC_IRQChannel = DEBUG_USART_IRQ;

10 / * 抢断优先级为 1 * /

11 NVIC_InitStructure. NVIC_IRQChannelPreemptionPriority = 1;

12 / * 子优先级为 1 * /

13 NVIC_InitStructure. NVIC_IRQChannelSubPriority = 1;

14 / * 使能中断 * /

15 NVIC_InitStructure. NVIC_IRQChannelCmd = ENABLE;

16 / * 初始化配置 NVIC * /

17 NVIC_Init(&NVIC_InitStructure);

18 }

19

在中断章节已对嵌套向量中断控制器的工作机制做了详细的讲解，这里我们就直接使用它，配置 USART 作为中断源，因为本实验没有使用其他中断，对优先级没什么具体要求。

③USART 初始化配置

代码清单 USART 初始化配置

1 void Debug_USART_Config(void)

2 {

3 GPIO_InitTypeDef GPIO_InitStructure;

4 USART_InitTypeDef USART_InitStructure;

5 / * 使能 USART GPIO 时钟 * /

6　RCC_AHB1PeriphClockCmd(DEBUG_USART_RX_GPIO_CLK ｜　DEBUG_USART_TX_GPIO_CLK,　ENABLE);

　　7

8 / * 使能 USART 时钟 * /

9 RCC_APB2PeriphClockCmd(DEBUG_USART_CLK, ENABLE);

10

11 / * GPIO 初始化 * /

12 GPIO_InitStructure. GPIO_OType = GPIO_OType_PP;

13 GPIO_InitStructure. GPIO_PuPd = GPIO_PuPd_UP;

14 GPIO_InitStructure. GPIO_Speed = GPIO_Speed_50MHz;

15

16 / * 配置 Tx 引脚为复用功能 * /

17 GPIO_InitStructure. GPIO_Mode = GPIO_Mode_AF;

18 GPIO_InitStructure. GPIO_Pin = DEBUG_USART_TX_PIN;

19 GPIO_Init(DEBUG_USART_TX_GPIO_PORT, &GPIO_InitStructure);

```
20
21 /* 配置 Rx 引脚为复用功能 */
22 GPIO_InitStructure. GPIO_Mode = GPIO_Mode_AF;
23 GPIO_InitStructure. GPIO_Pin = DEBUG_USART_RX_PIN;
24 GPIO_Init( DEBUG_USART_RX_GPIO_PORT, &GPIO_InitStructure);
25
26 /* 连接 PXx 到 USARTx_Tx */
27 GPIO_PinAFConfig ( DEBUG_USART_RX_GPIO_PORT, DEBUG_USART_RX_
SOURCE, DEBUG_USART_RX_AF);
28
29 /* 连接 PXx 到 USARTx__Rx */
30 GPIO_PinAFConfig ( DEBUG_USART_TX_GPIO_PORT, DEBUG_USART_TX_
SOURCE, DEBUG_USART_TX_AF);
31
32 /* 配置串 DEBUG_USART 模式 */
33 /* 波特率设置: DEBUG_USART_BAUDRATE */
34 USART_InitStructure. USART_BaudRate = DEBUG_USART_BAUDRATE;
35 /* 字长(数据位+校验位): 8 */
36 USART_InitStructure. USART_WordLength = USART_WordLength_8b;
37 /* 停止位: 1 个停止位 */
38 USART_InitStructure. USART_StopBits = USART_StopBits_1;
39 /* 校验位选择: 不使用校验 */
40 USART_InitStructure. USART_Parity = USART_Parity_No;
41 /* 硬件流控制: 不使用硬件流 */
42 USART_InitStructure. USART_HardwareFlowControl = USART_HardwareFlowControl_
None;
43 /* USART 模式控制: 同时使能接收和发送 */
44 USART_InitStructure. USART_Mode = USART_Mode_Rx | USART_Mode_Tx;
45 /* 完成 USART 初始化配置 */
46 USART_Init( DEBUG_USART, &USART_InitStructure);
47
48 /* 嵌套向量中断控制器 NVIC 配置 */
49 NVIC_Configuration( );
50
51 /* 使能串口接收中断 */
```

52 USART_ITConfig(DEBUG_USART, USART_IT_RXNE, ENABLE);

53

54 / * 使能串口 */

55 USART_Cmd(DEBUG_USART, ENABLE);

56 }

57

使用 GPIO_InitTypeDef 和 USART_InitTypeDef 结构体定义一个 GPIO 初始化变量以及一个 USART 初始化变量，这两个结构体内容前面已经有详细讲解。

调用 RCC_AHB1PeriphClockCmd 函数开启 GPIO 端口时钟，使用 GPIO 之前必须开启对应端口的时钟。使用 RCC_APB2PeriphClockCmd 函数开启 USART 时钟。

使用 GPIO 之前都需要初始化配置它，并且还要添加特殊设置，因为我们使用它作为外设的引脚，一般都有特殊功能。我们在初始化时需要把它的模式设置为复用功能。

每个 GPIO 都可以作为多个外设的特殊功能引脚，比如 PA10 这个引脚不仅可以作为普通的输入输出引脚，还可以作为 USART1 的 RX 线引脚(USART1_RX)、定时器 1 通道 3 引脚(TIM1_CH3)、全速 OTG 的 ID 引脚(OTG_FS_ID)以及 DCMI 的数据 1 引脚(DCMI_D1)这 4 个外设的功能引脚，我们只能从中选择一个使用，这时就通过 GPIO 引脚复用功能配置(GPIO_PinAFConfig)函数实现复用功能引脚的连接。

这时可能有人会想，如果程序把 PA10 用于 TIM1_CH3，此时 USART1_RX 就没办法使用了，那当不是不能使用 USART1 了。实际上情况没有这么糟糕，查阅表 4-3 我们可以看到，USART1_RX 不仅只有 PA10，还可以有 PB7。所以此时我们可以用 PB7 这个引脚来实现 USART1 通信。那要是 PB7 也是被其他外设占用了呢？那就没办法了，只能使用其他 USART。

GPIO_PinAFConfig 函数接收 3 个参数：第 1 个参数为 GPIO 端口，比如 GPIOA；第 2 个参数是指定要复用的引脚号，比如 GPIO_PinSource10；第 3 个参数是选择复用外设，比如 GPIO_AF_USART1。该函数最终操作的是 GPIO 复用功能寄存器 GPIO_AFRH 和 GPIO_AFRL，分高低两个。

接下来，我们配置 USART1 通信参数并调用 USART 初始化函数完成配置。

程序用到 USART 接收中断，需要配置 NVIC，这里调用 NVIC_Configuration 函数完成配置。配置 NVIC 就可以调用 USART_ITConfig 函数，使能 USART 接收中断。

最后调用 USART_Cmd 函数使能 USART。

④字符发送

代码清单字符发送函数

1 / ****************发送一个字符 *********************/

2 void Usart_SendByte(USART_TypeDef * pUSARTx, uint8_t ch)

3 {

```
4 /*发送一个字节数据到 USART */
5 USART_SendData(pUSARTx, ch);
6
7 /*等待发送数据寄存器为空 */
8 while (USART_GetFlagStatus(pUSARTx, USART_FLAG_TXE) = = RESET);
9 }
10
11 /****************发送字符串*****************/
12 void Usart_SendString(USART_TypeDef * pUSARTx, char * str)
13 {
14 unsigned int k=0;
15 do {
16 Usart_SendByte(pUSARTx, *(str + k));
17 k++;
18 } while (*(str + k)! ='\0');
19
20 /*等待发送完成 */
21 while (USART_GetFlagStatus(pUSARTx, USART_FLAG_TC)= =RESET) {
22 }
23 }
```

Usart_SendByte 函数用来指定 USART 发送一个 ASCLL 码值字符，它有两个形参：第 1 个为 USART，第 2 个为待发送的字符。它是通过调用库函数 USART_SendData 来实现的，并且增加了等待发送完成功能。通过使用 USART_GetFlagStatus 函数获取 USART 事件标志，来实现发送完成功能等待，它接收两个参数：一个是 USART；一个是事件标志。这里我们循环检测发送数据寄存器为空这个标志，当跳出 while 循环时，说明发送数据寄存器为空这个事实。

Usart_SendString 函数用来发送一个字符串，它实际是调用 Usart_SendByte 函数发送每个字符，直到遇到空字符才停止发送。最后使用循环检测发送完成的事件标志，以保证数据发送完成后才退出函数。

⑤USART 中断服务函数

代码清单 USART 中断服务函数

```
1 void DEBUG_USART_IRQHandler(void)
2 {
3 uint8_t ucTemp;
4 if (USART_GetITStatus(DEBUG_USART, USART_IT_RXNE)! =RESET) {
```

```
5 ucTemp = USART_ReceiveData(DEBUG_USART);
6 USART_SendData(DEBUG_USART, ucTemp);
7 }
8
9 }
```

这段代码是存放在 stm32f4xx_it.c 文件中的，该文件用来集中存放外设中断服务函数。当我们使能了中断并且中断发生时就会执行中断服务函数。

我们在代码清单 4-3 中设定了 USART 接收中断，当 USART 接收到数据后就会执行 DEBUG_USART_IRQHandler 函数。USART_GetITStatus 函数与 USART_GetFlagStatus 函数类似，用来获取标志位状态，但 USART_GetITStatus 函数是专门用来获取中断事件标志的，并返回该标志位状态。使用 if 语句来判断是否真的产生 USART 数据接收这个中断事件，如果是真的就使用 USART 数据读取函数 USART_ReceiveData 读取数据到指定存储区，然后再调用 USART 数据发送函数 USART_SendData 把数据又发送给源设备。

⑥主函数

代码清单主函数

```
1 int main(void)
2 {
3 /* 初始化 USART 配置模式为 115200 8-N-1，中断接收 */
4 Debug_USART_Config();
5
6 Usart_SendString(DEBUG_USART,"这是一个串口中断接收回显实验 \ n");
7 printf("欢迎使用秉火 STM32 开发板 \ n");
8 while (1) {
9
10 }
11 }
```

首先我们需要调用 Debug_USART_Config 函数完成 USART 初始化配置，包括 GPIO 配置、USART 配置、接收中断使用等信息。

接下来就可以调用字符发送函数把数据发送给串口调试助手了。

最后什么都不做，只是静静地等待 USART 接收中断的产生，并在中断服务函数中回传数据。

（3）下载验证

保证开发板相关硬件连接正确，用 USB 线连接开发板"USB 转串口"接口和电脑，在电脑端打开串口调试助手，把编译好的程序下载到开发板，此时串口调试助手即可收到开发板发过来的数据。我们在串口调试助手发送区域输入任意字符，单击"手动发送"按钮，马上在串口调试助手接收区即可看到相同的字符，见图 4-40。

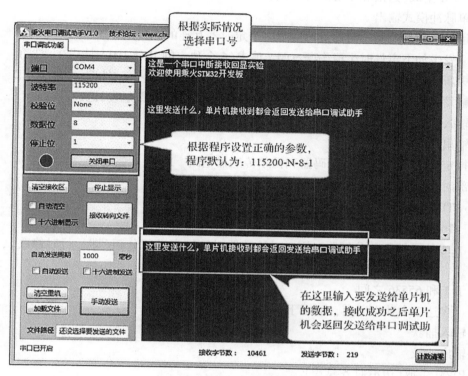

图 4-40 实验现象

4.3 通用定时器应用开发

1. 通用定时器概述

STM32F4 的定时器有 14 个，其中 TIM2-TIM5，TIM9～TIM14 属于通用定时器，TIM1 和 TIM8 则属于高级控制定时器，TIM6 和 TIM7 是基本定时器。

TIM2 到 TIM5 主要特性：

16 位（TIM3 和 TIM4）或 32 位（TIM2 和 TIM5）递增、递减和递增/递减自动重载计数器。

16 位可编程预分频器，用于对计数器时钟频率进行分频（即运行时修改），分频系数介于 1 到 65536 之间。

多达 4 个独立通道，可用于：

一输入捕获

—输出比较

—PWM 生成(边沿和中心对齐模式)

—单脉冲模式输出

使用外部信号控制定时器且可实现多个定时器互连的同步电路。

发生如下事件时生成中断/DMA 请求(6 个独立的 IRQ/DMA 请求生成器):

—更新:计数器上溢/下溢、计数器初始化(通过软件或内部/外部触发)

—触发事件(计数器启动、停止、初始化或通过内部/外部触发计数)

—输入捕获

—输出比较

支持定位用增量(正交)编码器和霍尔传感器电路

外部时钟触发输入或逐周期电流管理

TIM9 到 TIM14 主要特性

16 位自动重载递增计数器(属于中等容量器件)

16 位可编程预分频器,用于对计数器时钟频率进行分频(即运行时修改),分频系数

介于 1 和 65536 之间

多达 2 个独立通道,可用于:

—输入捕获

—输出比较

—PWM 生成(边沿对齐模式)

—单脉冲模式输出

使用外部信号控制定时器且可实现多个定时器互连的同步电路。

发生如下事件时生成中断:

—更新:计数器上溢、计数器初始化(通过软件或内部触发)

—触发事件(计数器启动、停止、初始化或者由内部触发计数)

—输入捕获

—输出比较

定时器的时钟来源有 4 个:

1)内部时钟(CK_INT)

2)外部时钟模式 1:外部输入脚(TIx)

3)外部时钟模式 2:外部触发输入(ETR),仅适用于 TIM2、TIM3、TIM4

4)内部触发输入(ITRx):使用 A 定时器作为 B 定时器的预分频器(A 为 B 提供时钟)。

这些时钟,具体选择哪个可以通过 TIMx_SMCR 寄存器的相关位来设置。这里的 CK_INT 时钟是从 APB1 倍频来的,除非 APB1 的时钟分频数设置为 1(一般都不会是 1),否则通用定时器 TIMx 的时钟是 APB1 时钟的 2 倍,当 APB1 的时钟不分频的时候,通用定时

器 TIMx 的时钟就等于 APB1 的时钟。这里还要注意的就是高级定时器以及 TIM9~TIM11 的时钟不是来自 APB1，而是来自 APB2 的。

2. 定时器配置中断的步骤

使能定时器时钟。

RCC_APB1PeriphClockCmd( );

初始化定时器，配置 ARR，PSC。

TIM_TimeBaseInit( );

启定时器中断，配置 NVIC。

NVIC_Init( );

设置 TIM3_DIER 允许更新中断

TIM_ITConfig( );

使能定时器。

TIM_Cmd( );

编写中断服务函数。

TIMx_IRQHandler( );

第 5 章　RS485 通信开发案例

5.1　RS485 硬件系统设计

　　RS485 接口具有良好的抗噪声干扰性、长的传输距离和多站能力等。RS-485 与 CAN 类似，是一种工业控制环境中常用的通信协议，它具有抗干扰能力强、传输距离远的特点。RS-485 通信协议由 RS-232 协议改进而来，协议层不变，只是改进了物理层，因而保留了串口通信协议应用简单的特点。从上一章了解到，差分信号线具有很强的干扰能力，特别适合应用于电磁环境复杂的工业控制环境中。RS-485 协议主要是把 RS-232 的信号改进成差分信号，从而大大提高了抗干扰特性，它的通信网络示意图见图 5.1。

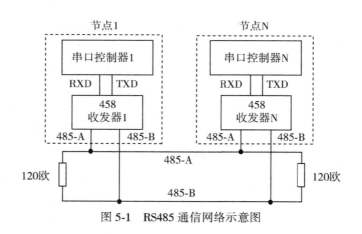

图 5-1　RS485 通信网络示意图

　　对比 CAN 通信网络，可发现它们的网络结构组成是类似的，每个节点都是由一个通信控制器和一个收发器组成。在 RS-485 通信网络中，节点中的串口控制器使用 RX 与 TX 信号线连接到收发器上，而收发器通过差分线连接到网络总线，串口控制器与收发器之间一般使用 TTL 信号传输，收发器与总线则使用差分信号来传输。发送数据时，串口控制器的 TX 信号经过收发器转换成差分信号传输到总线上，而接收数据时，收发器把总线上的差分信号转化成 TTL 信号通过 RX 引脚传输到串口控制器中。RS-485 通信网络的最大传输距离可达 1200 米，总线上可挂载 128 个通信节点。由于 RS-485 网络只有一对差分信号线，它使用差分信号来表达逻辑，当 AB 两线间的电压差为 −6V 至 −2V 时表示逻辑辑

144

1，当电压差为+2V 至+6V 表示逻辑 0，在同一时刻只能表达一个信号，所以它的通信是半双工形式的。它与 RS232 通信协议的特性对比见表 5.1。

表 5-1   **RS-485 与 RS-232 标准对比**

通信标准	信号线	通信方向	电平标准	通信距离	通信节点数
RS232	单端 TXD、RXD、GND	全双工	逻辑 1：−15V～−3V 逻辑 0：+3V～+15V	100 米以内	只有两个节点
RS485	差分线 AB	半双工	逻辑 1：+2V～+6V 逻辑 0：−6V～−2V	1200 米	支持多个节点。支持多个主设备，任意节点间可互相通信

RS-485 与 RS-232 的差异只体现在物理层上，它们的协议层是相同的，也是使用串口数据包的形式传输数据。而由于 RS-485 具有强大的组网功能，人们在基础协议之上还制定了 MODBUS 协议，被广泛应用在工业控制网络中。此处说的基础协议是指前面串口章节中讲解的，仅封装了基本数据包格式的协议（基于数据位），而 MODBUS 协议是使用基本数据包组合成通信帧格式的高层应用协议（基于数据包或字节）。感兴趣的读者可阅读 MODBUS 协议的相关资料了解。

由于 RS-485 与 RS-232 的协议议层没有区别，进行通信时，我们同样使用 STM32 的 USART 外设作为通信节点中的串口控制器，再外接一个 RS-485 收发器芯片，把 USART 外设的 TTL 电平信号转化成 RS-485 的差分信号即可。

本小节演示如何使用 STM32 的 USART 控制器与 MAX485 收发器，在两个设备之间使用 RS-485 协议进行通信。本实验中使用了两个实验板，无法像 CAN 实验那样使用回环测试（把 STM32USART 外设的 TXD 引脚使用杜邦线连接到 RXD 引脚可进行自收发测试，不过这样的通信不经过 RS-485 收发器，跟普通 TTL 串口实验没有区别），本教程主要以"USART-485 通信"工程进行讲解。

图 5.2 中的是两个实验板的硬件连接。在单个实验板中，作为串口控制器的 STM32 从 USART 外设引出 TX 和 RX 两个引脚与 RS-485 收发器 MAX485 相连，收发器使用它的 A 和 B 引脚连接到 RS-485 总线网络中。为了方便使用，我们每个实验板引出的 A 和 B 之间都连接了 1 个 120 欧的电阻作为 RS-485 总线的端电阻，所以要注意，如果要把实验板作为一个普通节点连接到现有的 RS-485 总线时，是不应添加该电阻的。由于 485 只能以半双工的形式工作，所以需要切换状态，MAX485 芯片中有 RE 和 DE 两个引脚，用于控制 485 芯片的收发工作状态的，当 RE 引脚为低电平时，485 芯片处于接收状态，当 DE 引脚为高电平时芯片处于发送状态。实验板中使用了 STM32 的 PD11 直接连接到这两个引脚上，所以通过控制 PD11 的输出电平即可控制 485 的收发状态。要注意的是，由于我们的实验板 485 使用的信号线与液晶屏共用了，为防止干扰，平时我们默认是不给 485 收发器供电的，使用 485 的时候一定要把 485 接线端子旁边的 C/4-5V 排针使用跳线帽与 5V

排针连接起来进行供电，并且把液晶屏从板子上拔下来。由于实验板的的 RS-232 与 RS-485 通信实验都使用 STM32 的同一个 USART 外设及收发引脚，实验时注意必须要把 STM32 的 PD5 引脚与 MAX485 的 485_D 及 PD6 与 485_R 使用跳线帽连接起来（这些信号都在 485 接线端子旁边的排针上）。要实现通信，我们还要使用导线把实验板引出的 A 和 B 两条总线连接起来，才能构成完整的网络。实验板之间 A 与 A 连接，B 与 B 连接即可。

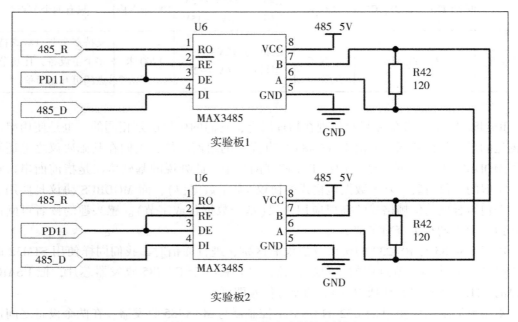

图 5-2　双 CAN 通信实验硬件连接图

5.2　RS485 嵌入式软件系统设计

采集终端的软件模块可以分为 3 个部分：与集中器通信任务模块、定时抄表和存储模块以及脉冲采集和错误显示模块。

与集中器通信任务模块采集终端与集中器通信主要是进行抄收电表数据、校时、设置电表地址以及查询采集终端状态等操作。他们之间采用主从式通信方式，集中器为主叫方，采集终端为被叫方；只有当集中器向采集终端发送指令后，采集终端才能进行相应的回应。其中 RS485 通信采用数据帧方式传输，其通信协议由笔者自己设定，每个数据帧包括以下几个部分：前导符、地址域、命令码、数据长度、数据域、校验码和结束符等。其中前导符用来唤醒对方，校验采用模 256 校验和，即各字节二进制的算术和，不计超过 256 的溢出值。其总体通信流程如图 5-3 所示。当采集终端收到的数据帧校验错误或者收到错误数据时，则发送异常应答帧，若收到正确数据帧，则发送正确应答帧。

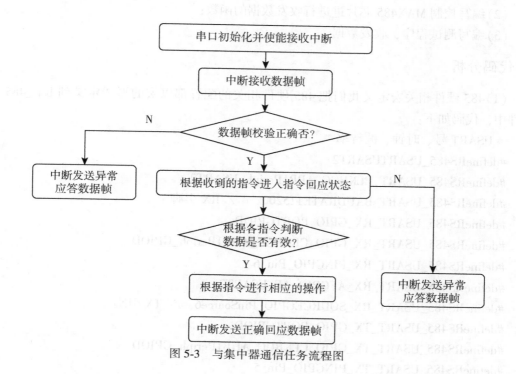

图 5-3　与集中器通信任务流程图

定时抄表和存储模块采集终端每隔一定的时间要抄收电能表的电量数据，并把这些电量数据存储在 E2PROM 中。若是采集终端工作在脉冲式电能表工作模式，则不需要对电量数据进行抄收而直接把自己采集的 16 个电能表的脉冲数据存储在 E2PROM 中。若是工作在 RS485 电能表模式，则需要对各个电表进行抄表操作。采集终端和带 RS485 接口的电能表用的通信规约是 DL/T645—1997——多功能电表通信规约。脉冲采集和错误显示模块当脉冲数据经 SPI 接口读入后，经过软件去抖处理，即连续几次读 SPI 接口，若几次都读到高电平则认为是正确脉冲，则相应的电表脉冲数据加 1，否则视为干扰脉冲。错误显示就是当产生 E2PROM 读写错误或者电表故障等错误时，则在数码管上显示其错误代码。

5.3 RS485 通信系统程序

为了使工程更加有条理，我们把 RS485 控制相关的代码独立出来分开存储，方便以后移植。在"串口实验"之上新建 bsp_485.c 及 bsp_485.h 文件，这些文件也可根据个人喜好命名，它们不属于 STM32 标准库的内容，是由我们自己根据应用需要编写的。这个实验的底层 STM32 驱动与串口控制区别不大，上层实验功能上与 CAN 实验类似。

1. 编程要点

（1）初始化 485 通信使用的 USART 外设及相关引脚；

（2）编写控制 MAX485 芯片进进行收发数据的函数；

（3）编写测试程序，收发数据。

2. 代码分析

（1）485 硬件相关宏定义我们把 485 硬件相关的配置都以宏的形式定义到 bsp_485.h 文件中，代码如下：

```
* USART 号、时钟、波特率
#defineRS485_USARTUSART2
#defineRS485_USART_CLKRCC_APB1Periph_USART2
#defineRS485_USART_BAUDRATE115200      //RX 引脚
#defineRS485_USART_RX_GPIO_PORTGPIOD
#defineRS485_USART_RX_GPIO_CLKRCC_AHB1Periph_GPIOD
#defineRS485_USART_RX_PINGPIO_Pin_6
#defineRS485_USART_RX_AFGPIO_AF_USART2
#defineRS485_USART_RX_SOURCEGPIO_PinSource6    // TX 引脚
#defineRS485_USART_TX_GPIO_PORTGPIOD
#defineRS485_USART_TX_GPIO_CLKRCC_AHB1Periph_GPIOD
#defineRS485_USART_TX_PINGPIO_Pin_5
```

#defineRS485 _ USART _ TX _ AFGPIO _ AF _ USART2 # defineRS485 _ USART _ TX _ SOURCEGPIO_PinSource5 // 485 收发控制引脚

```
#defineRS485_RE_GPIO_PORTGPIOD
```

#defineRS485_RE_GPIO_CLKRCC_AHB1Periph_GPIOD23#defineRS485_RE_PINGPIO_Pin_1

//中断相关

以上代码根据硬件连接，把与 485 通信使用的 USART 外设号、引脚号、引脚源以及复用功能映射都以宏封装起来，并且定义了接收中断的中断向量和中断服务函数，我们通过中断来获知接收数据。

（2）初始化 485 的 USART 配置利用上面的宏，编写 485 的 USART 初始化函数，代码如下：

```
USARTGPIO//配置，工作模式配置
RCC_APB1PeriphClockCmd(RS485_USART_CLK, ENABLE);
```

RS485_USART_RX_GPIO_PORT, RS485_USART_RX_SOURCE, RS485_USART_RX_AF);　//RX 引脚源

GPIO_InitStructure. GPIO_Pin＝RS485_USART_TX_PIN; GPIO_Init(RS485_USART_TX_GPIO_PORT, &GPIO_InitStructure);

GPIO_InitStructure. GPIO_Pin＝RS485_USART_RX_PIN; GPIO_Init(RS485_USART_RX

_GPIO_PORT，&GPIO_InitStructure)；//485 收发控制管脚

  USART_Cmd(RS485_USART，ENABLE)；//配置中断优先级

  NVIC_Configuration( )；//使能串口接收中断

  USART_ITConfig(RS485_USART，USART_IT_RXNE，ENABLE)；//控制 485 芯片进
入接收模式

  GPIO_ResetBits(RS485_RE_GPIO_PORT，RS485_RE_PIN)；

  与所有使用到 GPIO 的外设一样，都要先把使用到的 GPIO 引脚模式初始化，配置好
复用功能，其中用于控制 MAX485 芯片的收发状态的引脚被初始化成普通推挽输出模式，
以便手动控制它的电平输出，切换状态。485 使用到的 USART 也需要配置好波特率、有
效字长、停止位及校验位等基本参数，在通信中，两个 485 节点的串口参数应一致，否则
会导致通信解包错误。在实验中还设定了串口的接收中断功能，当检测到新的数据时，进
入中断服务函数中获取数据。

  (3)使用中断接收数据接下来我们编写在 USART 中断服务函数中接收数据的相关过
程，代码如下。其中的 bsp_RS485_IRQHandler 函数直接被 bsp_stm32f4xx_it. c 文件的
USART 中断服务函数调用，不在此列出。

  #defineUART_BUFF_SIZE1024

  volatileuint16_tuart_p=0;

  uint8_tuart_buff[UART_BUFF_SIZE];

  voidbsp_RS485_IRQHandler(void)//中断缓存串口数据

  char * get_rebuff(uint16_t * len)

  * len=uart_p;

  return(char *)&uart_buff；//获取接收到的数据和长度

  voidclean_rebuff(void)

  uint16_ti=UART_BUFF_SIZE+1;

  uart_p=0;

  while(i)

  uart_buff[--i]=0；//清空缓冲区

  这个数据接收过程主要思路是使用了接收缓冲区，当 USART 有新的数据引起中断时，
调用库函数 USART_ReceiveData 把新数据读取到缓冲区数组 uart_buff 中，其中 get_rebuff
函数可以用于获缓冲区中有效数据的长度，而 clean_rebuff 函数可以用于对缓冲区整体清
0，这些函数配合使用，实现了简单的串口接收缓冲机制。这部分串口数据接收的过程与
485 收发器无关，是串口协议通用的。

  (4)切换收发状态在前面我们了解到 RS-485 是半双工通信协议，发送数据和接收数
据需要分时进行，所以需要经常切换收发状态。而 MAX485 收发器根据其 RE 和 DE 引脚
的外部电平信号切换收发状态，所以控制与其相连的 STM32 普通 IO 电平即可控制收尾。
为简便起见，我们把收发状态切换定义成了宏，代码如下：

staticvoidRS485_delay(__IOu32nCount)

for(; nCount! =0; nCount--); //简单的延时

#defineRS485_RX_EN()

RS485_delay(1000);

GPIO_ResetBits(RS485_RE_GPIO_PORT, RS485_RE_PIN);

RS485_delay(1000); //控制收发引脚

#defineRS485_TX_EN()RS485_delay(1000);

GPIO_SetBits(RS485_RE_GPIO_PORT, RS485_RE_PIN);

RS485_delay(1000); //进入发送模式，必须要有延时等待 485 处理完数据

这两个宏中，主要是在控制电平输出前后加了一小段时间延时，这是为了给 MAX485 芯片预留响应时间，因为 STM32 的引脚状态电平变换后，MAX485 芯片可能存在响应延时。例如，当 STM32 控制自己的引脚电平输出高电平(控制成发送状态)，然后立即通过 TX 信号线发送数据给 MAX485 芯片，而 MAX485 芯片由于状态不能马上切换，会导致丢失部分 STM32 传送过来的数据，造成错误。

(5)发送数据 STM32 使用 485 发送数据的过程也与普通的 USART 发送数据过程差不多，我们定义了一个 RS485_SendByte 函数来发送一个字节的数据内容，代码如下：

//发送一个字节//使用单字节数据发送前要使能发送引脚，发送后要使能接收引脚

voidRS485_SendByte(uint8_tch)//发送一个字节数据到 USART1

USART_SendData(RS485_USART, ch); //等待发送完毕

while(USART_GetFlagStatus(RS485_USART, USART_FLAG_TXE)= =RESET);

上述代码中直接调用了 STM32 库函数 USART_SendData，把要发送的数据写入 USART 的数据寄存器，然后检查标志位等待发送完成。

在调用 RS485_SendByte 函数前，需要先使用前面提到的切换收发状态宏，把 MAX485 切换到发送模式，STM32 发出的数据才能正常传输到 485 网络总线上。当发送完数据的时候，应重新把 MAX485 切换回接收模式，以便获取网络总线上的数据。

最后我们来阅读 main 函数，了解整个通信过程。这个 main 函数的整体设计思路是，实验板检测自身的按键状态，若按键被按下，则通过 485 发送 256 个测试数据到网络总线上，若自身接收到总线上的 256 个数据，则把这些数据作为调试信息打印到电脑端。所以，如果把这样的程序分别应用到 485 总线上的两个通信节点时，就可以通过按键控制互相发送数据了。代码如下：

LED_GPIO_Config(); //初始化

USART1

Debug_USART_Config();

printf("\r\n 实验步骤：\r\n");

printf("\r\n1. 使用导线连接好两个 485 通信设备 \r\n");

printf("\r\n2. 使用跳线帽连接好：5v---C/4-5V, 485-D---PD5, 485-R---PD6 \r\

n");

printf("\r\n3. 若使用两个秉火开发板进行实验，给两个开发板都下载本程序即可。\r\n");

printf("\r\n4. 准备好后，按下其中一个开发板的 KEY1 键，会使用

while(1)//按一次按键发送一次数据

ifKey_Scan(KEY1_GPIO_PORT, KEY1_PIN)==KEY_ON)

uint16_ti;

40LED_BLUE; //切换到发送状态

RS485_TX_EN(); 4344for(i=0; i<=0xff; i++)

RS485_SendByte(i); //发送数据

//加短暂延时，保证 485 发送数据完毕

Delay(0xFFF);

RS485_RX_EN(); //切换回接收状态

LED_GREEN;

printf("\r\n 发送数据成功! \r\n"); //使用调试串口打印调试信息到终端

在 main 函数中，首先初始化了 LED、按键以及调试使用的串口，再调用前面分析的 RS485_Config 函数初始化了 RS-485 通信使用的串口工作模式。初始化后 485 就进入了接收模式，当接收到数据的时候会进入中断，并把数据存储到接收缓冲数组中，我们在 main 函数的 while 循环中(else 部分)调用 get_rebuff 来查看该缓冲区的状态，若接收到 256 个数据就把这些数据通过调试串口打印到电脑端，然后清空缓冲区。在 while 循环中，还检测了按键的状态，若按键被按下，就把 MAX485 芯片切换到发送状态，并调用 RS485_SendByte 函数发送测试数据 0x00-0xFF，发送完毕后切换回接收状态以检测总线的数据。

3. 下载验证

下载验证这个 485 通信实验需要有两个实验板，操作步骤如下：

(1)按照"硬件设计"小节中的图例连接两个板子的 485 总线；

(2)使用跳线帽连接：485_R<--->PD6, 485_D<--->PD5, C/4-5V<--->5V；

(3)用 USB 线使实验板"USB 转串口"接口与电脑连接起来，在电脑端打开串口调试助手，编译本章配套的程序，并给两个板子都下载该程序，然后复位；

(4)复位后在串口调试助手应看到 485 测试的调试信息，按一下其中一个实验板上的 KEY1 按键，另一个实验板会接收到报文，在串口调试助手可以看到相应的发送和接收的信息。

第6章　CAN总线通信开发案例

CAN 是 ControllerArea Network 的缩写(以下称为 CAN),是 ISO 国际标准化的串行通信协议。在当前的汽车产业中,出于对安全性、舒适性、方便性、低公害、低成本的要求,各种各样的电子控制系统被开发了出来。由于这些系统之间通信所用的数据类型及对可靠性的要求不尽相同,由多条总线构成的情况很多,线束的数量也随之增加。为适应"减少线束的数量"、"通过多个 LAN,进行大量数据的高速通信"的需要,1986 年德国电气商博世公司开发出面向汽车的 CAN 通信协议。此后,CAN 通过 ISO11898 及 ISO11519进行了标准化,现在在欧洲已是汽车网络的标准协议。现在,CAN 的高性能和可靠性已被认同,并被广泛地应用于工业自动化、船舶、医疗设备、工业设备等方面。现场总线是当今自动化领域技术发展的热点之一,被誉为自动化领域的计算机局域网。它的出现为分布式控制系统实现各节点之间实时、可靠的数据通信提供了强有力的技术支持。

CAN 控制器根据两根线上的电位差来判断总线电平。总线电平分为显性电平和隐性电平,二者必居其一。发送方通过使总线电平发生变化,将消息发送给接收方。

CAN 协议特点:

(1)多主控制。在总线空闲时,所有单元都可以发送消息(多主控制),而两个以上的单元同时开始发送消息时,根据标识符(Identifier 以下称为 ID)决定优先级。ID 并不是表示发送的目的地址,而是表示访问总线的消息的优先级。两个以上的单元同时开始发送消息时,对各消息 ID 的每个位进行逐个仲裁比较。仲裁获胜(被判定为优先级最高)的单元可继续发送消息,仲裁失利的单元则立刻停止发送而进行接收工作。

(2)系统的柔软性。与总线相连的单元没有类似于"地址"的信息。因此在总线上增加单元时,连接在总线上的其他单元的软硬件及应用层都不需要改变。

(3)通信速度较快,通信距离远。最高 1Mbps(距离小于 40M),最远可达 10KM(速率低于 5Kbps)。

(4)具有错误检测、错误通知和错误恢复功能。所有单元都可以检测错误(错误检测功能),检测出错误的单元会立即同时通知其他所有单元(错误通知功能),正在发送消息的单元一旦检测出错误,会强制结束当前的发送。强制结束发送的单元会不断反复地重新发送此消息直到成功发送为止(错误恢复功能)。

(5)故障封闭功能。CAN 可以判断出错误的类型是总线上暂时的数据错误(如外部噪声等)还是持续的数据错误(如单元内部故障、驱动器故障、断线等)。由此功能,当总线上发生持续数据错误时,可将引起此故障的单元从总线上隔离出去。

(6)连接节点多。CAN 总线是可同时连接多个单元的总线。可连接的单元总数理论上是没有限制的。但实际上可连接的单元数受总线上的时间延迟及电气负载的限制。降低通信速度，可连接的单元数增加；提高通信速度，则可连接的单元数减少。正是因为 CAN 协议的这些特点，使得 CAN 特别适合工业过程监控设备的互连，因此，越来越受到工业界的重视，并已公认为最前途的现场总线之一。CAN 协议经过 ISO 标准化后有两个标准：ISO11898 标准和 ISO11519-2 标准。其中 ISO11898 是针对通信速率为 125Kbps～1Mbps 的高速通信标准，而 ISO11519-2 是针对通信速率为 125Kbps 以下的低速通信标准。

我们使用的是 500Kbps 的通信速率，使用的是 ISO11898 标准，该标准的物理层特征如图 6-1 所示。

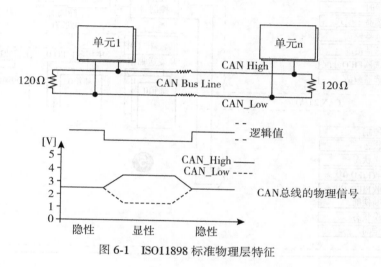

图 6-1　ISO11898 标准物理层特征

从该特性可以看出，显性电平对应逻辑 0，CAN_H 和 CAN_L 之差为 2.5V 左右。而隐性电平对应逻辑 1，CAN_H 和 CAN_L 之差为 0V。在总线上显性电平具有优先权，只要有一个单元输出显性电平，总线上即为显性电平。而隐形电平则具有包容的意味，只有所有的单元都输出隐性电平，总线上才为隐性电平（显性电平比隐性电平更强）。另外，在 CAN 总线的起止端都有一个 120Ω 的终端电阻，来做阻抗匹配，以减少回波反射。

6.1　CAN 总线通信硬件系统设计

STM32 外设简介：

STM32 芯片中有 bxCAN(BasicExtendedCAN) 控制器，支持 CAN 协议 2.0A 和 2.0B 标准。该 CAN 控制器支持最高的通信速率为 1Mbps；可以自动接收和发送 CAN 报文，支持使用标准 ID 和扩展 ID 的报文；外设中具有 3 个发送邮箱，发送报文的优先级可以使用软件控制，还可以记录发送的时间；具有两个 3 级深度的接收 FIFO，可使用过滤功能只接收或不接收某些 ID 号的报文；可配置成自动重发；不支持使用 DMA 进行数据收发。STM32 的 CAN 外设架构见图 6-2。

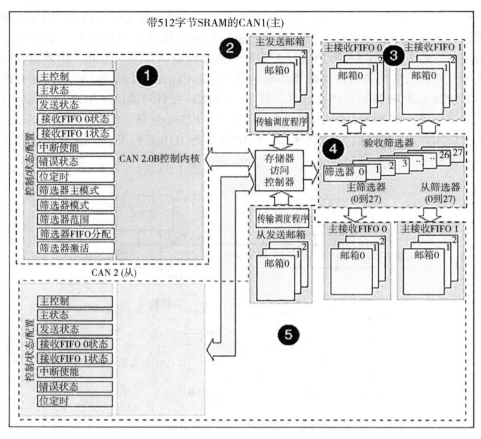

图 6-2　STM32 的 CAN 外设架构图

STM32 的有两组 CAN 控制器，其中 CAN1 是主设备，框图中的"存储访问控制器"是由 CAN1 控制的，CAN2 无法直接访问存储区域，所以使用 CAN2 的时候必须使能 CAN1 外设的时钟。框图中主要包含 CAN 控制内核、发送邮箱、接收 FIFO 以及验收筛选器。下面对框图中的各个部分进行介绍。

1. CAN 控制内核

图 6-2 中标号①处的 CAN 控制内核包含了各种控制寄存器及状态寄存器，我们主要讲解其中的主控制寄存器 CAN_MCR 及位定时器 CAN_BTR。

（1）主控制寄存器 CAN_MCR　主控制寄存器 CAN_MCR 负责管理 CAN 的工作模式，它使用以下寄存器位实现控制。

1）DBF 调试冻结功能 DBF（Debugfreeze）调试冻结，使用它可设置 CAN 处于工作状态或禁止收发的状态，禁止收发时仍可访问接收 FIFO 中的数据。这两种状态是当 STM32 芯片处于程序调试模式时才使用的，平时使用并不影响。

2）TTCM 时间触发模式 TTCM（Timetriggeredcommunicationmode）时间触发模式用于配置

CAN 的时间触发通信模式。在此模式下，CAN 使用它内部定时器产生时间戳，并把它保存在 CAN_RDTxR、CAN_TDTxR 寄存器中。内部定时器在每个 CAN 位时间累加，在接收和发送的帧起始位被采样，并生成时间戳。利用它可以实现 ISO11898-4CAN 标准的分时同步通信功能。

3）ABOM 自动离线管理 ABOM（Automaticbus-offmanagement）自动离线管理用于设置是否使用自动离线管理功能。当节点检测到它发送错误或接收错误超过一定值时，会自动进入离线状态，在离线状态中，CAN 不能接收或发送报文。处于离线状态的时候，可以软件控制恢复或者直接使用这个自动离线管理功能，它会在适当的时候自动恢复。

4）AWUM 自动唤醒 AWUM（Automaticbus-offmanagement）自动唤醒功能，CAN 外设可以使用软件进入低功耗的睡眠模式，如果使能了这个自动唤醒功能，当 CAN 检测到总线活动的时候，会自动唤醒。

5）NART 自动重传 NART（Noautomaticretransmission）报文自动重传功能，设置这个功能后，当报文发送失败时会自动重传至成功为止。若不使用这个功能，无论发送结果如何，消息只发送一次。

6）RFLM 锁定模式 RFLM（ReceiveFIFOlockedmode）FIFO 锁定模式，该功能用于锁定接收 FIFO。锁定后，当接收 FIFO 溢出时，会丢弃下一个接收的报文。若不锁定，则下一个接收到的报文会覆盖原报文。

7）TXFP 报文发送优先级的判定方法 TXFP（TransmitFIFOpriority）报文发送优先级的判定方法，当 CAN 外设的发送邮箱中有多个待发送报文时，本功能可以控制它是根据报文的 ID 优先级还是报文存进邮箱的顺序来发送。

（2）位时序寄存器 CAN_BTR 及波特率 CAN 外设中的位时序寄存器 CAN_BTR 用于配置测试模式、波特率以及各种位内的段参数。

1）测试模式为方便调试，STM32 的 CAN 提供了测试模式，配置位时序寄存器 CAN_BTR 的 SILM 及 LBKM 寄存器位可以控制使用正常模式、静默模式、回环模式及静默回环模式，见图 6-3。

各个工作模式介绍如下：

正常模式下就是一个正常的 CAN 节点，可以向总线发送数据和接收数据。

静默模式下，它自己的输出端的逻辑 0 数据会直接传输到它自己的输入端，逻辑 1 可以被发送到总线，所以它不能向总线发送显性位（逻辑 0），只能发送隐性位（逻辑 1）。输入端可以从总线接收内容。由于它只可发送的隐性位不会强制影响总线的状态，所以把它称为静默模式。这种模式一般用于监测，它可以用于分析总线上的流量，但又不会因为发送显性位而影响总线。

回环模式下，它自己的输出端的所有内容都直接传输到自己的输入端，输出端的内容同时也会被传输到总线上，即也可使用总线监测它的发送内容。输入端只接收自己发送端的内容，不接收来自总线上的内容。使用回环模式可以进行自检。

回环静默模式是以上两种模式的结合，自己的输出端的所有内容都直接传输到自己的输入端，并且不会向总线发送显性位影响总线，不能通过总线监测它的发送内容。输入端

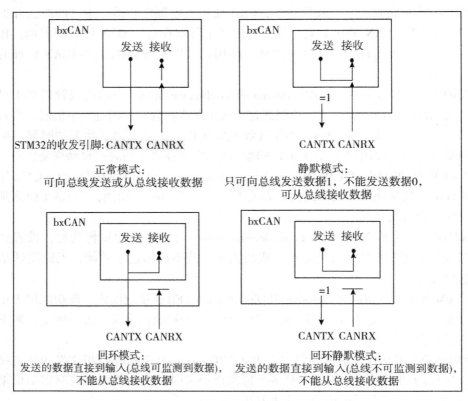

图 6-3　四种工作模式图

只接收自己发送端的内容，不接收来自总线上的内容。这种方式可以在"热自检"时使用，即自我检查的时候，不会干扰总线。以上说的各个模式是不需要修改硬件接线的，如当输出直连输入时，它是在 STM32 芯片内部连接的，传输路径不经过 STM32 的 CAN_Tx/Rx 引脚，更不经过外部连接的 CAN 收发器，只有输出数据到总线或从总线接收的情况下才会经过 CAN_Tx/Rx 引脚和收发器。

2）位时序及波特率 STM32 外设定义的位时序与我们前面解释的 CAN 标准时序有一点区别，见图 6-4。

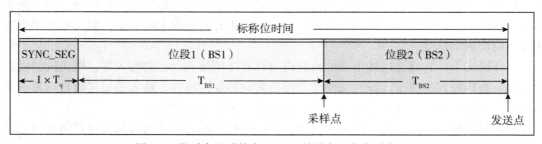

图 6-4　位时序及波特率 STM32 外设定义的位时序图

图 6-4 显示 STM32 中 CAN 的位时序 STM32 的 CAN 外设位时序中只包含 3 段，分别是同步段 SYNC_SEG、位段 BS1 及位段 BS2，采样点位于 BS1 及 BS2 段的交界处。其中 SYNC_SEG 段固定长度为 1Tq，而 BS1 及 BS2 段可以在位时序寄存器 CAN_BTR 设置它们的时间长度，它们可以在重新同步期间增长或缩短，该长度 SJW 也可在位时序寄存器中配置。理解 STM32 的 CAN 外设的位时序时，可以把它的 BS1 段理解为由前面介绍的 CAN 标准协议中 PTS 段与 PBS1 段合在一起的，而 BS2 段就相当于 PBS2 段。了解位时序后，我们就可以配置波特率了。通过配置位时序寄存器 CAN_BTR 的 TS1[3：0] 及 TS2[2：0] 寄存器位设定 BS1 及 BS2 段的长度后，我们就可以确定每个 CAN 数据位的时间。BS1 段时间：TBS1 = Tq× (TS1[3：0]+1)，BS2 段时间：TBS2 = Tq×(TS2[2：0]+1)，一个数据位的时间：

$$T_{1bit} = 1Tq + T_{BS1} + T_{BS2} = 1 + (TS1[3:0] + 1) + (TS2[2:0] + 1) = NTq$$

其中单个时间片的长度 Tq 与 CAN 外设的所挂载的时钟总线及分频器配置有关，CAN1 和 CAN2 外设都是挂载在 APB1 总线上的，而位时序寄存器 CAN-BTR 中的 BRP[9：0] 寄存器可以设置 CAN 外设时钟的分频值，所以：

$$Tq = (BRP[9:0] + 1) \times T_{PCLK}$$

其中的 PCLK 指 APB1 时钟，默认值为 45MHz。

最终可以计算出 CAN 通信的波特率：BaudRate = 1/NTq 例如，表 6-1 说明了一种把波特率配置为 1Mbps 的方式。

表 6-1　　　　　　　　　　一种配置波特率为 1Mbps 的方式

参数	说　　明
SYNC_SE 段	固定为 1Tq
BS1 段	设置为 5Tq(实际写入 TS1[3：0] 的值为 4)
BS2 段	设置为 3Tq(实际写入 TS2[2：0] 的值为 2)
T_{PCLK}	APB1 按默认配置为 F = 45MHz, $T_{PCLK} = 5 \times 1/45M$)
CAN 外设时钟分频	设置为 5 分频(实际写入 BRP[9：0] 的值为 4)
1Tq 时间长度	$Tq = (BRP[9:0] + 1) \times T_{PCLK} = 5 \times 1/45M = 1/9M$
1 位的时间长度	$T_{1bit} = 1Tq + T_{BS1} + T_{BS2} = 1 + 5 + 3 = 9Tq$
波特率	$BaudRate = 1/NTq = 1/(1/9M \times 9) = 1Mbps$

2. CAN 发送邮箱

图 6-2 的 CAN 外设框图中标号②处的是 CAN 外设的发送邮箱，一共有 3 个，即最多可以缓存 3 个待发送的报文。

每个发送邮箱中包含标识符寄存器 CAN_TIxR、数据长度控制寄存器 CAN_TDTxR 及 2

个数据寄存器 CAN_TDLxR、CAN_TDHxR，它们的功能见表 6-2。

表 6-2　　　　　　　　　　　　　　　　　发送邮箱的寄存器

寄存器名	说　　明
标识符寄存器 CAN_TIxR	存储待发送报文的 ID、扩展 ID、IDE 位及 RTR 位
数据长度控制寄存器 CAN_TDTxR	存储待发送报文的 DLC 段
低位数据寄存器 CAN_TDTxR	存储待发送报文数据段的 Data0~Data3 这 4 个字节的内容
高位数据寄存器 CAN_TDHxR	存储待发送报文数据段的 Data4~Data7 这 4 个字节的内容

当我们要使用 CAN 外设发送报文时，把报文的各个段分解，按位置写入这些寄存器中，并对标识符寄存器 CAN_TIxR 中的发送请求寄存器位 TMIDxR_TXRQ 置 1，即可把数据发送出去。其中标识符寄存器 CAN_TIxR 中的 STDID 寄存器位比较特别。我们知道 CAN 的标准标识符的总位数为 11 位，而扩展标识符的总位数为 29 位。当报文使用扩展标识符的时候，标识符寄存器 CAN_TIxR 中的 STDID[10：0]等效于 EXTID[18：28]位，它与 EXTID[17：0]共同组成完整的 29 位扩展标识符。

3. CAN 接收 FIFO

图 6-2 的 CAN 外设框图中标号③处的是 CAN 外设的接收 FIFO，一共有 2 个，每个 FIFO 中有 3 个邮箱，即最多可以缓存 6 个接收到的报文。当接收到报文时，FIFO 的报文计数器会自增，而 STM32 内部读取 FIFO 数据之后，报文计数器会自减。我们通过状态寄存器可获知报文计数器的值，而通过前面主控制寄存器的 RFLM 位，可设置锁定模式，锁定模式下 FIFO 溢出时会丢弃新报文，非锁定模式下 FIFO 溢出时新报文会覆盖旧报文。跟发送邮箱类似，每个接收 FIFO 中包含标识符寄存器 CAN_RIxR、数据长度控制寄存器 CAN_RDTxR 及 2 个数据寄存器 CAN_RDLxR、CAN_RDHxR，它们的功能见表 6-3。

表 6-3　　　　　　　　　　　　　　　　　发送邮箱的寄存器

寄存器名	说　　明
标识符寄存器 CAN_TIxR	存储待发送报文的 ID、扩展 ID、IDE 位及 RTR 位
数据长度控制寄存器 CAN_TDTxR	存储待发送报文的 DLC 段
低位数据寄存器 CAN_RDTxR	存储待发送报文数据段的 Data0~Data3 这 4 个字节的内容
高位数据寄存器 CAN_RDHxR	存储待发送报文数据段的 Data4~Data7 这 4 个字节的内容

发送邮箱的寄存器通过中断或状态寄存器知道接收 FIFO 中有数据后，我们再读取这些寄存器的值，即可把接收到的报文加载到 STM32 的内存中。

4. 验收筛选器

图 6-2 的 CAN 外设框图中标号④处的是 CAN 外设的验收筛选器，一共有 28 个筛选器组，每个筛选器组有 2 个寄存器。CAN1 和 CAN2 共用筛选器。在 CAN 协议中，消息的标识符与节点地址无关，但与消息内容有关。因此，发送节点将报文广播给所有接收器时，接收节点会根据报文标识符的值来确定软件是否需要该消息，为了简化软件的工作，STM32 的 CAN 外设接收报文前会先使用验收筛选器检查，只接收需要的报文到 FIFO 中。筛选器工作的时候，可以调整筛选 ID 的长度及过滤模式。根据筛选 ID 长度分类有以下两种尺度：

1）检查 STDID[10：0]、EXTID[17：0]、IDE 和 RTR 位，一共 31 位。

2）检查 STDID[10：0]、RTR、IDE 和 EXTID[17：15]，一共 16 位。

通过配置筛选尺度寄存器 CAN_FS1R 的 FSCx 位可以设置筛选器工作在哪个尺度。而根据过滤的方法分有以下两种模式：

1）标识符列表模式，它把要接收报文的 ID 列成一个表，要求报文 ID 与列表中的某一个标识符完全相同才可以接收。可以理解为"白名单"管理。

2）掩码模式，它把可接收报文 ID 的某几位作为列表，这几位被称为掩码。可以把它理解成关键字搜索，只要掩码（关键字）相同，就符合要求，报文就会被保存到接收 FIFO。

通过配置筛选模式寄存器 CAN_FM1R 的 FBMx 位可以设置筛选器工作在哪个模式。不同的尺度和不同的过滤方法可使筛选器工作在如图 6-5 所示的 4 种状态。

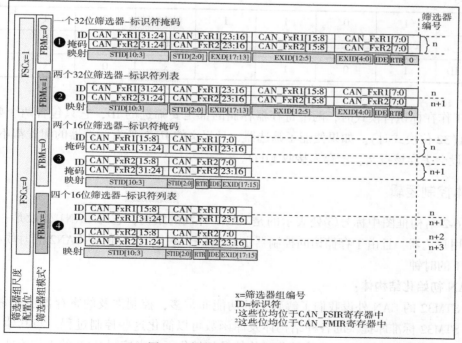

图 6-5 筛选器的 4 种工作状态

每组筛选器包含 2 个 32 位的寄存器,分别为 CAN_FxR1 和 CAN_FxR2,它们用来存储要筛选的 ID 或掩码,各个寄存器位代表的意义与图中两个寄存器下面"映射"一栏一致,各个模式的说明见表 6-4。

表 6-4　　　　　　　　　　　　　筛选器的工作状态说明

模式	说　　明
32 位掩码模式	CAN_FxR1 存储 ID,CAN_FxR2 存储哪个位必须与 CAN_FxR1 中的 ID 一致,两个寄存器表示一组掩码
32 位标识符模式	CAN_FxRl 和 CAN_FxR2 各存储 1 个 ID,两个寄存器表示两个筛选的 ID
16 位掩码模式	CAN_FxR1 高 16 位存储 ID,低 16 位存储哪个位必须与高 16 位的 ID 一致 CAN_FxR2 高 16 位存储 ID,低 16 位存储哪个位必须与高 16 位的 ID 一致两个寄存器表示两组掩码
16 位标识符模式	CAN_FxR1 和 CAN_FxR2 各存储两个 ID,两个寄存器表示 4 个筛选的 ID

如表 6-5 所示,在掩码模式时,第 1 个寄存器存储要筛选的 ID,第 2 个寄存器存储掩码,掩码为 1 的部分表示该位必须与 ID 中的内容一致,筛选的结果为表中第 3 行的 ID 值,它是一组包含多个的 ID 值,其中 x 表示该位可以为 1 也可以为 0。

表 6-5

ID	1	0	1	1	1	0	1	⋯
掩码	1	1	1	0	0	1	0	⋯
筛选的 ID	1	0	1	x	x	0	x	⋯

而工作在标识符模式时,两个寄存器存储的都是要筛选的 ID,它只包含两个要筛选的 ID 值(32 位模式时)。如果使能了筛选器,且报文的 ID 与所有筛选器的配置都不匹配,CAN 外设会丢弃该报文,不存入接收 FIFO。

5. 整体控制逻辑

图 6-2 结构框图中标号⑤处表示的是 CAN2 外设的结构,它与 CAN1 外设是一样的,它们共用筛选器,且由于存储访问控制器由 CAN1 控制,所以要使用 CAN2 的时候必须使能 CAN1 的时钟。

CAN 初始化结构体:

从 STM32 的 CAN 外设我们了解到它的功能非常多,控制涉及的寄存器也非常丰富,而使用 STM32 标准库提供的各种结构体及库函数可以简化这些控制过程。与其他外设一样,STM32 标准库提供了 CAN 初始化结构体及初始化函数来控制 CAN 的工作方式,提供了收发报文使用的结构体及收发函数，还有配置控制筛选器模式及 ID 的结构体。这些内容都定义在库文件 stm32f4xx_can.h 及 stm32f4xx_can.c 中，编程时我们可以结合这两个文件内的注释使用或参考库帮助文档。首先我们来学习初始化结构体的内容，这些结构体成员说明如下，其中括号内的文字是对应参数在 STM32 标准库中定义的宏，这些结构体成员都是之前介绍的内容，可对比阅读。

（1）CAN_Prescaler 本成员设置 CAN 外设的时钟分频，它可控制时间片 Tq 的时间长度，这里设置的值最终减 1 后再写入 BRP 寄存器位，即前面介绍的 Tq 计算公式：

$$Tq = (BRP[9:0] + 1) \times T_{PCLK}$$

（2）CAN_Mode 本成员设置 CAN 的工作模式，可设置为正常模式（CAN_Mode_Normal）、回环模式（CAN_Mode_LoopBack）、静默模式（CAN_Mode_Silent）以及回环静默模式（CAN_Mode_Silent_LoopBack）。

（3）CAN_SJW 本成员可以配置 SJW 的极限长度，即 CAN 重新同步时单次可增加或缩短的最大长度，它可以被配置为 1~4Tq（CAN_SJW_1/2/3/4tq）。

（4）CAN_BS1 本成员用于设置 CAN 位时序中的 BS1 段的长度，它可以被配置为 1~16 个 Tq 长度（CAN_BS1_1/2/3…16tq）。

（5）CAN_BS2 本成员用于设置 CAN 位时序中的 BS2 段的长度，它可以被配置为 1~8 个 Tq 长度（CAN_BS2_1/2/3…8tq）。SYNC_SEG、BS1 段及 BS2 段的长度加起来即一个数据位的长度，即前面介绍的原来计算公式：

$$T_{1bit} = 1Tq + T_{BS1} + T_{BS2} = 1 + (TS1[3:0] + 1) + (TS2[2:0] + 1) = NTq$$

等效于：
$$T_{1bit} = 1Tq + CAN\_BS1 + CAN\_BS2$$

（6）CAN_TTCM 本成员用于设置是否使用时间触发功能（ENABLE/DISABLE）。时间触发功能在某些 CAN 标准中会使用到。

（7）CAN_ABOM 本成员用于设置是否使用自动离线管理（ENABLE/DISABLE）。使用自动离线管理可以在节点出错离线后适时自动恢复，不需要软件干预。

（8）CAN_AWUM 本成员用于设置是否使用自动唤醒功能（ENABLE/DISABLE）。使能自动唤醒功能后它会在监测到总线活动后自动唤醒。

（9）CAN_ABOM 本成员用于设置是否使用自动离线管理功能（ENABLE/DISABLE）。使用自动离线管理可以在出错时离线后适时自动恢复，不需要软件干预。

（10）CAN_NART 本成员用于设置是否使用自动重传功能（ENABLE/DISABLE）。使用自动重传功能时，会一直发送报文直到成功为止。

（11）CAN_RFLM 本成员用于设置是否使用锁定接收 FIFO（ENABLE/DISABLE）。锁定接收 FIFO 后，若 FIFO 溢出时会丢弃新数据，否则在 FIFO 溢出时以新数据覆盖旧数据。

（12）CAN_TXFP 本成员用于设置发送报文的优先级判定方法（ENABLE/DISABLE）。使能时，以报文存入发送邮箱的先后顺序来发送，否则按照报文 ID 的优先级来发送。

配置完这些结构体成员后，我们调用库函数 CAN_Init，即可把这些参数写入 CAN 控制寄存器中，实现 CAN 的初始化。

CAN 发送及接收结构体；

在发送或接收报文时，需要往发送邮箱中写入报文信息或从接收 FIFO 中读取报文信息，利用 STM32 标准库的发送及接收结构体可以方便地完成这样的工作。

这些结构体成员都是之前介绍的内容，可对比阅读。发送结构体与接收结构体是类似的，只是接收结构体多了一个 FMI 成员，说明如下：

(1) StdId 本成员存储的是报文的 11 位标准标识符，范围是 0～0x7FF。

(2) ExtId 本成员存储的是报文的 29 位扩展标识符，范围是 0～0x1FFFFFFF。ExtId 与 StdId 这两个成员根据下面的 IDE 位配置，只有一个是有效的。

(3) IDE 本成员存储的是扩展标志 IDE 位，当它的值为宏 CAN_ID_STD 时表示本报文是标准帧，使用 StdId 成员存储报文 ID；当它的值为宏 CAN_ID_EXT 时表示本报文是扩展帧，使用 ExtId 成员存储报文 ID。

(4) RTR 本成员存储的是报文类型标志 RTR 位，当它的值为宏 CAN_RTR_Data 时表示本报文是数据帧；当它的值为宏 CAN_RTR_Remote 时表示本报文是遥控帧。由于遥控帧没有数据段，所以当报文是遥控帧时，下面的 Data[8] 成员的内容是无效的。

(5) DLC 本成员存储的是数据帧数据段的长度，它的值的范围是 0～8。当报文是遥控帧时 DLC 值为 0。

(6) Data[8] 本成员存储的就是数据帧中数据段的数据。

(7) FMI 本成员只存在于接收结构体，它存储了筛选器的编号，表示本报文是经过哪个筛选器存储进接收 FIFO 的，可以用它来简化软件处理。当需要使用 CAN 发送报文时，先定义一个上面发送类型的结构体，然后把报文的内容按成员赋值到该结构体中，最后调用库函数 CAN_Transmit 把这些内容写入发送邮箱，即可把报文发送出去。接收报文时，通过检测标志位获知接收 FIFO 的状态，若收到报文，可调用库函数 CAN_Receive 把接收 FIFO 中的内容读取到预先定义的接收类型结构体中，然后再访问该结构体即可利用报文了。

CAN 筛选器结构体：

CAN 的筛选器有多种工作模式，利用筛选器结构体可方便配置，这些结构体成员都是之前介绍的内容，可对比阅读。各个结构体成员的介绍如下：

(1) CAN_FilterIdHighCAN_FilterIdHigh 成员用于存储要筛选的 ID，若筛选器工作在 32 位模式，它存储的是所筛选 ID 的高 16 位；若筛选器工作在 16 位模式，它存储的就是一个完整的要筛选的 ID。

(2) CAN_FilterIdLow 类似地，CAN_FilterIdLow 成员也是用于存储要筛选的 ID，若筛选器工作在 32 位模式，它存储的是所筛选 ID 的低 16 位；若筛选器工作在 16 位模式，它存储的就是一个完整的要筛选的 ID。

(3) CAN_FilterMaskIdHighCAN_FilterMaskIdHigh 存储的内容分两种情况，当筛选器工作在标识符列表模式时，它的功能与 CAN_FilterIdHigh 相同，都是存储要筛选的 ID；而当筛选器工作在掩码模式时，它存储的是 CAN_FilterIdHigh 成员对应的掩码，与 CAN_

FilterIdLow 组成一组筛选器。

（4）CAN_FilterMaskIdLow 类似地，CAN_FilterMaskIdLow 存储的内容也分两种情况，当筛选器工作在标识符列表模式时，它的功能与 CAN_FilterIdLow 相同，都是存储要筛选的 ID；而当筛选器工作在掩码模式时，它存储的是 CAN_FilterIdLow 成员对应的掩码，与 CAN_FilterIdLow 组成一组筛选器。上面 4 个结构体的存储的内容很容易让人糊涂，请结合图 6-5 和表 6-6 理解。如果还搞不清楚，再结合库函数 CAN_FilterInit 的源码来分析。

表 6-6   不同模式下各结构体成员的内容

模式	CAN_FilterIdHigh	CAN_FilterIdLow	CAN_FilterMaskIdHigh	CAN_FilterMaskIdLow
32 位列表模式	ID1 的高 16 位	ID1 的低 16 位	ID2 的高 16 位	ID2 的低 16 位
16 位列表模式	ID1 的完整数值	ID2 的完整数值	ID3 的完整数值	ID4 的完整数值
32 位掩码模式	ID1 的高 16 位	ID1 的低 16 位	ID1 掩码的高 16 位	ID1 掩码的低 16 位
16 位掩码模式	ID1 的完整数值	ID2 的完整数值	ID1 掩码的完整数值	ID2 掩码的完整数值

对这些结构体成员赋值的时候，还要注意寄存器位的映射，即注意哪部分代表 STID，哪部分代表 EXID 以及 IDE、RTR 位。

（5）CAN_FilterFIFOAssignment 本成员用于设置当报文通过筛选器的匹配后，该报文会被存储到哪一个接收 FIFO，它的可选值为 FIFO0 或 FIFO1（宏 CAN_Filter_FIFO0/1）。

（6）CAN_FilterNumber 本成员用于设置筛选器的编号，即本过滤器结构体配置的是哪一组筛选器。CAN 一共有 28 个筛选器，所以它的可输入参数范围为 0~27。

（7）CAN_FilterMode 本成员用于设置筛选器的工作模式，可以设置为列表模式（宏 CAN_FilterMode_IdList）及掩码模式（宏 CAN_FilterMode_IdMask）。

（8）CAN_FilterScale 本成员用于设置筛选器的尺度，可以设置为 32 位长（CAN_FilterScale_32bit）及 16 位长（CAN_FilterScale_16bit）。

（9）CAN_FilterActivation 本成员用于设置是否激活这个筛选器（ENABLE/DISABLE）。配置完这些结构体成员后，我们调用库函数 CAN_FilterInit 即可把这些参数写入筛选控制寄存器中，从而使用筛选器。我们前面说如果不理解哪几个 ID 结构体成员存储的内容时，可以直接阅读库函数 CAN_FilterInit 的源代码理解，就是因为它直接对寄存器写入内容，代码的逻辑是非常清晰的。

双 CAN 通信实验硬件连接图见图 6-6。图 6-6 中的是两个实验板的硬件连接。在单个实验板中，作为 CAN 控制器的 STM32 引出 CAN_Tx 和 CAN_Rx 两个引脚与 CAN 收发器

TJA1050 相连，收发器使用 CANH 及 CANL 引脚连接到 CAN 总线网络中。为了方便使用，每个实验板引出的 CANH 及 CANL 都连接了 1 个 120 欧的电阻作为 CAN 总线的端电阻，所以要注意：如果要把实验板作为一个普通节点连接到现有的 CAN 总线时，是不应添加该电阻的。

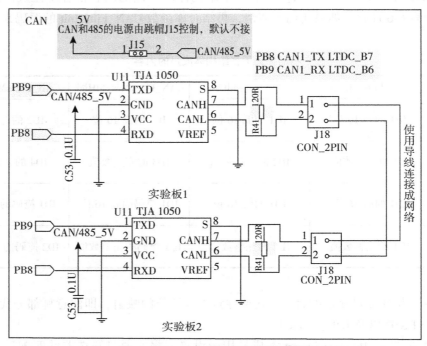

图 6-6　双 CAN 通信实验硬件连接图

要实现通信，我们还要使用导线把实验板引出的 CANH 及 CANL 两条总线连接起来，才能构成完整的网络。实验板之间 CANH1 与 CANH2 连接，CANL1 与 CANL2 连接即可。要注意的是，由于我们的实验板 CAN 使用的信号线与液晶屏共用了，为防止干扰，平时我们默认是不给 CAN 收发器供电的，使用 CAN 的时候一定要把 CAN 接线端子旁边的"C/4-5V"排针使用跳线帽与"5V"排针连接起来进行供电，并且把液晶屏从板子上拔下来。如果您使用的是单机回环测试的工程实验，就不需要使用导线连接板子了，而且也不需要给收发器供电，因为回环模式的信号是不经过收发器的。不过，它还是不能和液晶屏同时使用的。

6.2　CAN 总线通信嵌入式软件系统设计

CAN 总线节点的软件设计主要包括三大部分：CAN 节点初始化、报文发送和报文接收。熟悉这三部分程序的设计就能编写出利用 CAN 总线进行通信的一般应用程序。当然要将 CAN 总线应用于通信任务比较复杂的系统中，还需详细了解有关 CAN 总线错误处理、总线脱离处理、接收滤波处理、波特率参数设置和自动检测以及 CAN 总线通信距离和节点数的计算等方面的内容。

主程序流程图：

程序开始运行后，先调用初始化子程序，分别对俩个 CAN 模块进行初始化，然后把要发送的数据写入 CPU 的存储器中，然后循环调用发送数据子程序和接收子程序，如图 6-7 所示。

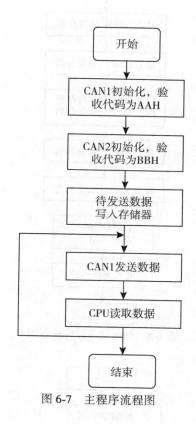

图 6-7　主程序流程图

初始化子程序流程图：

初始化子程序先设置 MOD 选择复位模式，然后分别设置 CDR 选择工作模式；设置 IER 选择中断类型；设置 BTRO、BTR1 设定传输速率；设置 OCR 选择输出模式；设置 ACR、AMR 设定接收数据类型；RBSA、TXERR、ECC 均清零，最后设置 MOD 进入工作模式，如图 6-8 所示。

发送数据子程序流程图：

发送数据子程序先把三个控制字节写入发送缓冲区，然后把等待发送的数据也写入发送缓存区，最后设置 CMR，发出发送请求、启动 SJA1000 发送数据，如图 6-9 所示。

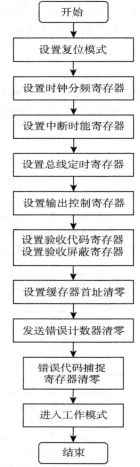

图 6-8　初始化子程序流程图

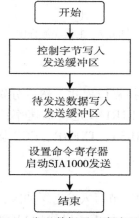

图 6-9　发送数据子程序流程图

接收数据子程序流程图：

接收数据子程序首先要读 SR 和 IR，判断工作状态及中断类型并做出相应处理，若 RXFIFO 有数据，应判断帧类型并做出相应处理，若数据正确则送至 CPU 的内部存储器。如图 6-10 所示。

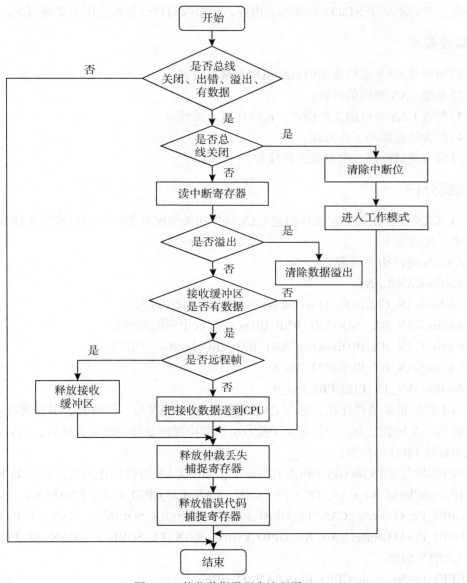

图 6-10　接收数据子程序流程图

6.3　CAN 总线通信系统程序

为了使工程更加有条理，我们把 CAN 控制器相关的代码独立出来分开存储，方便以后移植。在"串口实验"之上新建 bsp_can. c 及 bsp_can. h 文件，这些文件也可根据个人喜好命名，它们不属于 STM32 标准库的内容，是由我们自己根据应用需要编写的。

1. 编程要点

1）初始化 CAN 通信使用的目标引脚及端口时钟；

2）使能 CAN 外设的时钟；

3）配置 CAN 外设的工作模式、位时序以及波特率；

4）配置筛选器的工作方式；

5）编写测试程序，收发报文并校验。

2. 代码分析

（1）CAN 硬件相关宏定义我们把 CAN 硬件相关的配置都以宏的形式定义到 bsp_can. h 文件中，代码如下：

//CAN 硬件相关的定义

#defineCANxCAN1

#defineCAN_CLKRCC_APB1Periph_CAN1 //接收中断号

#defineCAN_RX_IRQCAN1_RX0_IRQn //接收中断服务函数

#defineCAN_RX_IRQHandlerCAN1_RX0_IRQHandler //引脚

#defineCAN_RX_PINGPIO_Pin_8

#defineCAN_TX_PINGPIO_Pin_9

以上代码根据硬件连接，把与 CAN 通信使用的 CAN 号、引脚号、引脚源以及复用功能映射都以宏封装起来，并且定义了接收中断的中断向量和中断服务函数，我们通过中断来获知接收 FIFO 的信息。

（2）初始化 CAN 的 GPIO 利用上面的宏，编写 CAN 的初始化函数，代码如下：RCC_AHB1PeriphClockCmd(CAN_TX_GPIO_CLK | CAN_RX_GPIO_CLK, ENABLE) ; //引脚源

GPIO_PinAFConfig(CAN_TX_GPIO_PORT, CAN_RX_SOURCE, CAN_AF_PORT) ;

GPIO_PinAFConfig(CAN_RX_GPIO_PORT, CAN_TX_SOURCE, CAN_AF_PORT) ; //配置 CANTX 引脚

GPIO_InitStructure. GPIO_Pin = CAN_TX_PIN;

GPIO_InitStructure. GPIO_Mode = GPIO_Mode_AF;

GPIO_InitStructure. GPIO_Speed = GPIO_Speed_50MHz;

GPIO_InitStructure. GPIO_OType = GPIO_OType_PP;

GPIO_InitStructure. GPIO_PuPd=GPIO_PuPd_UP；

GPIO_Init（CAN_TX_GPIO_PORT，&GPIO_InitStructure）；//配置 CANRX 引脚 GPIO_ InitStructure. GPIO_Pin=CAN_RX_PIN；

GPIO_InitStructure. GPIO_Mode=GPIO_Mode_AF；

GPIO_Init（CAN_RX_GPIO_PORT，&GPIO_InitStructure）；

与所有使用到 GPIO 的外设一样，都要先把使用到的 GPIO 引脚模式初始化，配置好复用功能。CAN 的两个引脚都配置成通用推挽输出模式即可。

（3）配置 CAN 的工作模式接下来我们配置 CAN 的工作模式，由于是两个板子之间进行通信，波特率之类的配置只要两个板子一致即可。如果要使实验板与某个 CAN 总线网络的通信的节点通信，那么实验板的 CAN 配置必须与该总线一致。我们实验中使用的配置代码如下：

CAN_InitStructure. CAN_RFLM=DISABLE；//MCR-RFLM 接收 FIFO 不锁定

//溢出时新报文会覆盖原有报文

CAN_InitStructure. CAN_TXFP=DISABLE；//MCR-TXFP 发送 FIFO 优先级取决于报文标识符

CAN_InitStructure. CAN_Mode=CAN_Mode_Normal；//正常工作模式

CAN_InitStructure. CAN_SJW=CAN_SJW_2tq；//BTR-SJW 重新同步跳跃宽度

CAN_InitStructure. CAN_BS1=CAN_BS1_5tq；//BTR-TS1 时间段 1 占用了 5 个时间单元

CAN_InitStructure. CAN_BS2=CAN_BS2_3tq；//BTR-TS1 时间段 2 占用了 3 个时间单元

这段代码主要是把 CAN 的模式设置成了正常工作模式，如果阅读的是"CAN——回环测试"的工程，这里被配置成回环模式，除此之外，两个工程就没有其他差别了。代码中还把位时序中的 BS1 和 BS2 段分别设置成了 5Tq 和 3Tq，再加上 SYNC_SEG 段，一个 CAN 数据位就是 9Tq 了，加上 CAN 外设的分频配置为 5 分频，CAN 所使用的总线时钟 f_{APB1}=45MHz，于是我们可计算出它的波特率：

$1Tq=1/（45M/5）=1/9\mu s$

$T1bit=（5+3+1）\times Tq=1\mu s$ 波特率$=1/T1bit=1Mbps$

（4）配置筛选器以上是配置 CAN 的工作模式，为了方便管理接收报文，我们还要把筛选器用起来，代码如下：

#defineCAN_RTR_Data（（uint32_t）0x00000000）/*数据帧

#defineCAN_RTR_Remote（（uint32_t）0x00000002）/*远程帧

//工作在掩码模式

CAN_FilterInitStructure. CAN_FilterMode=CAN_FilterMode_IdMask；//筛选器位宽为单个 32 位

CAN_FilterInitStructure. CAN_FilterScale=CAN_FilterScale_32bit；使能筛选器，按照标

志符的内容进行比对筛选

48CAN_ITConfig(CANx, CAN_IT_FMP0, ENABLE); ∕＊CAN 通信中断使能 ＊∕

这段代码把筛选器第 0 组配置成了 32 位的掩码模式，并且把它的输出连接到接收 FIFO0，若通过了筛选器的匹配，报文会被存储到接收 FIFO0。筛选器配置的重点是配置 ID 和掩码，根据我们的配置，这个筛选器工作在如图 6-11 所示的模式。

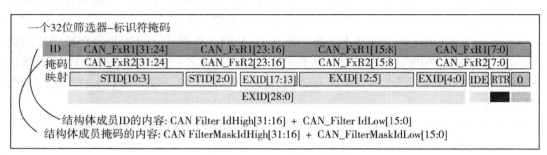

图 6-11　一个 32 位的掩码模式筛选器

在该配置中，结构体成员 CAN_FilterIdHigh 和 CAN_FilterIdLow 存储的是要筛选的 ID，而 CAN_FilterMaskIdHigh 和 CAN_FilterMaskIdLow 存储的是相应的掩码。在赋值时，要注意寄存器位的映射，在 32 位的 ID 中，第 0 位是保留位，第 1 位是 RTR 标志，第 2 位是 IDE 标志，从第 3 位起才是报文的 ID（扩展 ID）。因此在上述代码中我们先把扩展 ID "0x1314"、IDE 位标志"宏 CAN_ID_EXT"以及 RTR 位标志"宏 CAN_RTR_DATA"根据寄存器位映射组成一个 32 位的数据，然后再把它的高 16 位和低 16 位分别赋值给结构体成员 CAN_FilterIdHigh 和 CAN_FilterIdLow。而在掩码部分，为简单起见我们直接对所有位赋值为 1，表示上述所有标志都完全一样的报文才能经过筛选，所以我们这个配置相当于单个 ID 列表的模式，只筛选了一个 ID 号，而不是筛选一组 ID 号。这里只是为了演示方便，实际使用中一般会对不要求相等的数据位赋值为 0，从而过滤一组 ID，如果有需要，还可以继续配置多个筛选器组，最多可以配置 28 个，代码中只是配置了筛选器组 0。对结构体赋值完毕后调用库函数 CAN_FilterInit，把个筛选器组的参数写入寄存器中。

（5）配置接收中断在配置筛选器代码的最后部分，我们还调用库函数 CAN_ITConfig 使能了 CAN 的中断，该函数使用的输入参数宏 CAN_IT_FMP0 表示当 FIFO0 接收到数据时会引起中断，该接收中断的优先级配置代码如下：

NVIC_InitStructure. NVIC_IRQChannel＝CAN_RX_IRQ；∕∕CANRX 中断

NVIC_InitStructure. NVIC_IRQChannelPreemptionPriority＝0；

NVIC_InitStructure. NVIC_IRQChannelSubPriority＝0；

NVIC_InitStructure. NVIC_IRQChannelCmd＝ENABLE；

NVIC_Init(＆NVIC_InitStructure)；∕∕中断设置

这部分与我们配置其他中断的优先级无异，都是配置 NVIC 结构体，优先级可根据自己的需要配置，最主要的是中断向量，上述代码中把中断向量配置成了 CAN 的接收中断。

（6）设置发送报文要使用 CAN 发送报文时，我们需要先定义一个发送报文结构体并向它赋值，见代码如下：

TxMessage->RTR＝CAN_RTR_DATA；//发送的是数据 TxMessage->DLC＝8；
//数据长度为 8 字节/＊设置要发送的数据 0~7＊/
for(ubCounter＝0； ubCounter<8； ubCounter++)
{TxMessage->Data[ubCounter]＝ubCounter；

这段代码是我们为了方便演示而自己定义的设置报文内容的函数，它把报文设置成了扩展模式的数据帧，扩展 ID 为 0x1314，数据段的长度为 8，且数据内容分别为 0~7，实际应用中可根据自己的需求发设置报文内容。当我们设置好报文内容后，调用库函数 CAN_Transmit 即可把该报文存储到发送邮箱，然后 CAN 外设会把它发送出去：

CAN_Transmit(CANx，&TxMessage)；

（7）接收报文由于我们设置了接收中断，所以接收报文的操作是在中断的服务函数中完成的，代码如下：

0x1314 ＊/if((RxMessage. ExtId＝＝0x1314) && (RxMessage. IDE＝＝CAN_ID_EXT) && (RxMessage. DLC＝＝8))

{flag＝1；//接收成功} else{flag＝0；//接收失败

根据我们前面的配置，若 CAN 接收的报文经过筛选器匹配后会被存储到 FIFO0 中，并引起中断进入这个中断服务函数中。在这个函数里我们调用了库函数 CAN_Receive。把报文从 FIFO 复制到自定义的接收报文结构体 RxMessage 中，并且比较了接收到的报文 ID 是否与我们希望接收的一致，若一致就设置标志 flag＝1，否则为 0，通过 flag 标志通知主程序流程获知是否接收到数据。要注意如果设置了接收报文中断，必须在中断内调用 CAN_Receive 函数读取接收 FIFO 的内容，因为只有这样才能清除该 FIFO 的接收中断标志，如果不在中断内调用它清除标志的话，一旦接收到报文，STM32 会不断地进入中断服务函数，导致程序卡死。

最后我们来阅读 main 函数，了解整个通信流程，代码如下：Debug_USART_Config( )；//初始化按键

Key_GPIO_Config( )；//初始化 can，在中断接收 CAN 数据包
CAN_Config( )；
printf(" \ r \ n 欢迎使用秉火 STM32F429 开发板。\ r \ n")；
printf(" \ r \ n 秉火 F429CAN 通信实验例程
//按一次按键发送一次数据
if(Key_Scan(KEY1_GPIO_PORT，KEY1_PIN)＝＝KEY_ON) {LED_BLUE；//设置要发送的报文
CAN_SetMsg(&TxMessage)；//把报文存储到发送邮箱，发送 CAN_Transmit(CANx，&TxMessage)；

can_delay(10000); //等待发送完毕，可使用 CAN_TransmitStatus 查看状态

在 main 函数里，我们调用了 CAN_Config 函数初始化 CAN 外设，它包含我们前面解说的 GPIO 初始化函数 CAN_GPIO_Config、中断优先级设置函数 CAN_NVIC_Config、工作模式设置函数 CAN_Mode_Config，以及筛选器配置函数 CAN_Filter_Config。初始化完成后，我们在 while 循环里检测按键，当按下实验板的按键 1 时，它就调用 CAN_SetMsg 函数设置要发送的报文，然后调用 CAN_Transmit 函数把该报文存储到发送邮箱，等待 CAN 外设把它发送出去。代码中并没有检测发送状态，如果需要，可以调用库函数 CAN_TransmitStatus 检查发送状态。while 循环中在其他时间一直检查 flag 标志，当接收到报文时，我们的中断服务函数会把它置 1，所以我们可以通过它获知接收状态，当接收到报文时，使用宏 CAN_DEBUG_ARRAY 把它输出到串口。

3. 下载验证

下载验证这个 CAN 实验时，建议先使用"CAN——回环测试"的工程进行测试，它的环境配置比较简单，只需要一个实验板，用 USB 线使实验板"USB 转串口"接口跟电脑连接起来，在电脑端打开串口调试助手，并且把编译好的该工程下载到实验板，然后复位。这时在串口调试助手可看到 CAN 测试的调试信息，按一下实验板上的 KEY1 按键，实验板会使用回环模式向自己发送报文，在串口调试助手可以看到相应的发送和接收的信息。使用回环测试成功后，如果有两个实验板，需要按照图中连接两个板子的 CAN 总线，并且一定要接上跳线帽给 CAN 收发器供电，把液晶屏拔掉防止干扰。用 USB 线使实验板"USB 转串口"接口跟电脑连接起来，在电脑端打开串口调试助手，然后使用"CAN——双机通信"工程编译，并给两个板子都下载该程序，然后复位。这时在串口调试助手可看到 CAN 测试的调试信息，按一下其中一个实验板上的 KEY1 按键，另一个实验板会接收到报文，在串口调试助手可以看到相应的发送和接收的信息。

第7章 Spi总线通信开发案例

7.1 Spi 总线通信硬件系统设计

SPI 协议是由摩托罗拉公司提出的通信协议(SerialPeripheralInterface),即串行外围设备接口,是一种高速全双工的通信总线。它被广泛地使用在 ADC、LCD 等设备与 MCU 间,适用于通信速率较高的场合。学习本章时,可与上一章对比阅读,体会两种通信总线的差异以及 EEPROM 存储器与 Flash 存储器的区别。下面我们分别对 SPI 协议的物理层及协议层进行讲解。

物理层:SPI 通信设备之间的常用连接方式见图 7-1。

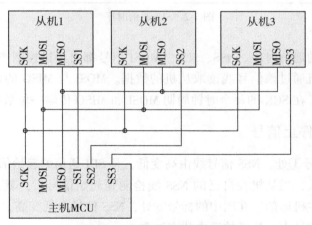

图 7-1 常见的 SPI 通信系统

SPI 通信使用 3 条总线及片选线,3 条总线分别为 SCK、MOSI、MISO,片选线为 SS,它们的作用介绍如下。1)SS(SlaveSelect):从设备选择信号线,常称为片选信号线,也称为 NSS、CS,以下用 NSS 表示。当有多个 SPI 从设备与 SPI 主机相连时,设备的其他信号线 SCK、MOSI 及 MISO 同时并联到相同的 SPI 总线上,即无论有多少个从设备,都共同使用这 3 条总线;而每个从设备都有独立的一条 NSS 信号线,本信号线独占主机的一个引脚,即有多少个从设备,就有多少条片选信号线。I2C 协议中通过设备地址来寻址,选中总线上的某个设备并与其进行通信;而 SPI 协议中没有设备地址,它使用 NSS 信号线来寻址，当主机要选择从设备时，把该从设备的 NSS 信号线设置为低电平，该从设备即被选中，即片选有效，接着主机从这条信号线读入数据，从机的数据由这条信号线输出到主机，即在这条线上数据的方向为从机到主机。

协议层：与 I2C 的类似，SPI 协议定义了通信的起始和停止信号、数据有效性、时钟同步等环节。

1. SPI 基本通信过程

先看看 SPI 通信的通信时序，见图 7-2。

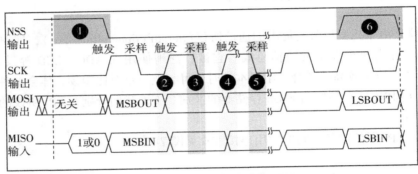

图 7-2 SPI 通信时序

这是一个主机的通信时序。NSS、SCK、MOSI 信号都由主机控制产生，而 MISO 的信号由从机产生，主机通过该信号线读取从机的数据。MOSI 与 MISO 的信号只在 NSS 为低电平的时候才有效，在 SCK 的每个时钟周期 MOSI 和 MISO 传输一位数据。

2. 通信的起始和停止信号

在 23-2 中的标号①处，NSS 信号线由高变低，是 SPI 通信的起始信号。NSS 是每个从机各自独占的信号线，当从机在自己的 NSS 线检测到起始信号后，就知道自己被主机选中了，开始准备与主机通信。在图中的标号⑥处，NSS 信号由低变高，是 SPI 通信的停止信号，表示本次通信结束，从机的选中状态被取消。

3. 数据有效性

SPI 使用 MOSI 及 MISO 信号线来传输数据，使用 SCK 信号线进行数据同步。MOSI 及 MISO 数据线在 SCK 的每个时钟周期传输一位数据，且数据输入输出是同时进行的。数据传输时，MSB 先行或 LSB 先行并没有作硬性规定，但要保证两个 SPI 通信设备之间使用同样的协定，一般都会采用图 7.2 中的 MSB 先行模式。观察图中的标号②③④⑤处，MOSI 及 MISO 的数据在 SCK 的上升沿期间变化输出，在 SCK 的下降沿时被采样。即在SCK 的下降沿时刻，MOSI 及 MISO 的数据有效，高电平时表示数据"1"，为低电平时表示

数据 "0"。在其他时刻，数据无效，MOSI 及 MISO 为下一次表示数据做准备。SPI 每次数据传输可以 8 位或 16 位为单位，每次传输的单位数不受限制。

4. CPOL/CPHA 及通信模式

上面讲述的 7.2 中的时序只是 SPI 中的其中一种通信模式，SPI 一共有 4 种通信模式，它们的主要区别是总线空闲时 SCK 的时钟状态以及数据采样时刻。为方便说明，在此引入 "时钟极性 CPOL" 和 "时钟相位 CPHA" 的概念。时钟极性 CPOL 是指 SPI 通信设备处于空闲状态时，SCK 信号线的电平信号（即 SPI 通信开始前、NSS 线为高电平时 SCK 的状态）。CPOL=0 时，SCK 在空闲状态时为低电平，CPOL=1 时，则相反。时钟相位 CPHA 是指数据的采样的时刻，当 CPHA=0 时，MOSI 或 MISO 数据线上的信号将会在 SCK 时钟线的 "奇数边沿" 被采样，见图 7-3。

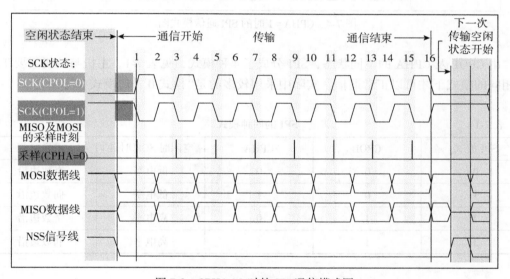

图 7-3　CPHA=0 时的 SPI 通信模式图

首先，根据 SCK 在空闲状态时的电平，分为两种情况：SCK 信号线在空闲状态为低电平时，CPOL=0；空闲状态为高电平时，CPOL=1。无论 CPOL 为 0 还是 1，因为我们配置的时钟相位 CPHA=0，在图中可以看到，采样时刻都是在 SCK 的奇数边沿。注意当 CPOL=0 的时候，时钟的奇数边沿是上升沿，而 CPOL=1 的时候，时钟的奇数边沿是下降沿。所以 SPI 的采样时刻不是由上升/下降沿决定的。MOSI 和 MISO 数据线的有效信号在 SCK 的奇数边沿保持不变，数据信号将在 SCK 奇数边沿时被采样，在非采样时刻，MOSI 和 MISO 的有效信号才发生切换。类似地，当 CPHA=1 时，不受 CPOL 的影响，数据信号在 SCK 的偶数边沿被采样，见图 7-4。

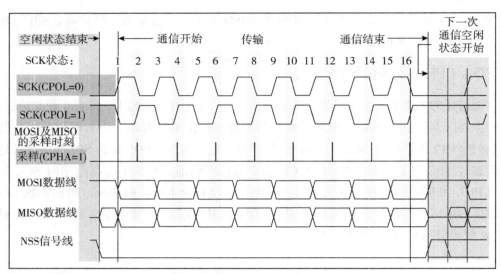

图 7-4　CPHA＝1 时的 SPI 通信模式图

　　由 CPOL 及 CPHA 的不同状态，SPI 分成了 4 种模式，见表 7-1。主机与从机需要工作在相同的模式下才可以正常通信，实际中采用较多的是"模式 0"与"模式 3"。

表 7-1　　　　　　　　　　　　　　　　　SPI 的四种模式

SPI 模式	CPOL	CPHA	空闲时 SCK 时钟	采样时刻
0	0	0	低电平	奇数边沿
1	0	1	低电平	偶数边沿
2	1	0	高电平	奇数边沿
3	1	1	高电平	偶数边沿

　　STM32 的 SPI 特性及架构：

　　与 I2C 外设一样，STM32 芯片也集成了专门用于 SPI 协议通信的外设。

　　STM32 的 SPI 外设简介

　　STM32 的 SPI 外设可用作通信的主机及从机，支持最高的 SCK 时钟频率为 fpclk/2（STM32F429 型号的芯片默认 fpclk1 为 90MHz，fpclk2 为 45MHz），完全支持 SPI 协议的 4 种模式，数据帧长度可设置为 8 位或 16 位，可设置数据 MSB 先行或 LSB 先行。它还支持双线全双工（前面小节说明的都是这种模式）、双线单向以及单线模式。其中双线单向模式可以同时使用 MOSI 及 MISO 数据线向一个方向传输数据，可以加快一倍的传输速度。而单线模式则可以减少硬件接线，当然这样速率会受到影响。这里只讲解双线全双工模式。STM32 的 SPI 架构剖析如图 7-5 所示。

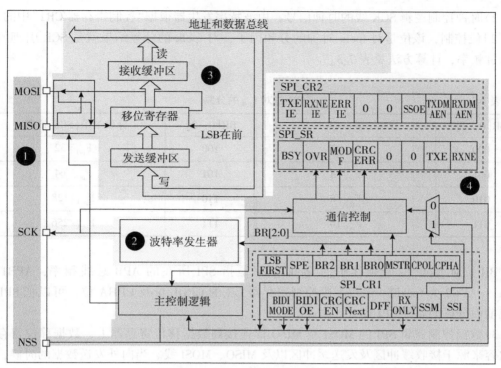

图 7-5 STM32 的 SPI 架构图

Spi 架构图：

1) 通信引脚 SPI 的所有硬件架构都从图 03 中左侧 MOSI、MISO、SCK 及 NSS 线展开。STM32 芯片有多个 SPI 外设，它们的 SPI 通信信号引出到不同的 GPIO 引脚上，使用时必须配置到这些指定的引脚，见表 7-2。

表 7-2 　　　　　　　　　　　**STM32F4xx 的 SPI 引脚**

引脚	SPI 编号					
	SPI1	SPI2	SPI3	SPI4	SPI5	SPI6
MOSI	PA7/PB5	PB15/PC3/PI3	PB5/PC12/PD6	PE6/PE14	PF9/PF11	PG14
MISO	PA6/PB4	PB14/PC2/PI2	PB4/PC11	PE5/PE13	PF8/PH7	PG12
SCK	PA5/PB3	PB10/PB13/PD3	PB3/PC10	PE2/PE12	PF7/PH6	PG13
NSS	PA4/PA15	PB9/PB12/PI0	PA4/PA15	PE4/PE11	PF6/PH5	PG8

关于 GPIO 引脚的复用功能，可查阅《STM32F4xx 规格书》，以它为准。表 7.2STM32F4xx 的 SPI 引脚其中 SPI1、SPI4、SPI5、SPI6 是 APB2 上的设备，最高通信速率达 45Mbps，SPI2、SPI3 是 APB1 上的设备，最高通信速率为 22.5Mbps。其他功能没有差异。

2)时钟控制逻辑 SCK 线的时钟信号，由波特率发生器根据"控制寄存器 CR1"中的 BR[0：2]位控制，该位是对 fpclk 时钟的分频因子，对 fpclk 的分频结果就是 SCK 引脚的输出时钟频率，计算方法见表 7-3。

表 7-3　　　　　　　　　　　　　　　**BR 位对 f_{pclk} 的分频**

BR[0：2]	分频结果（SCK 频率）	BR[0：2]	分频结果（SCK 频率）
000	$f_{pclk}/2$	100	$F_{pclk}/32$
001	$F_{pclk}/4$	101	$F_{pclk}/64$
010	$F_{pclk}/8$	110	$F_{pclk}/128$
011	$F_{pclk}16$	111	$F_{pclk}/256$

BR 位对 fpclk 的分频其中的 fpclk 频率是指 SPI 所在的 APB 总线频率，APB1 为 fpclk1，APB2 为 fpckl2。通过配置控制寄存器 CR 的 CPOL 位及 CPHA 位，可以把 SPI 设置成前面分析的 4 种 SPI 模式。

3)数据控制逻辑 SPI 的 MOSI 及 MISO 都连接到数据移位寄存器上，数据移位寄存器的内容来源于接收缓冲区及发送缓冲区以及 MISO、MOSI 线。当向外发送数据的时候，数据移位寄存器以发送缓冲区为数据源，把数据一位一位地通过数据线发送出去；当从外部接收数据的时候，数据移位寄存器把数据线采样到的数据一位一位地存储到接收缓冲区中。通过写 SPI 的数据寄存器 DR 把数据填充到发送缓冲区中，通过数据寄存器 DR，可以获取接收缓冲区中的内容。其中数据帧长度可以通过控制寄存器 CR1 的 DFF 位配置成 8 位及 16 位模式；配置 LSBFIRST 位可选择 MSB 先行还是 LSB 先行。

4)整体控制逻辑负责协调整个 SPI 外设，控制逻辑的工作模式根据我们配置的控制寄存器（CR1/CR2）的参数而改变，基本的控制参数包括前面提到的 SPI 模式、波特率、LSB 先行、主从模式、单双向模式等。在外设工作时，控制逻辑会根据外设的工作状态修改状态寄存器（SR），我们只要读取状态寄存器相关的寄存器位，就可以了解 SPI 的工作状态了。除此之外，控制逻辑还根据要求，负责控制产生 SPI 中断信号、DMA 请求及控制 NSS 信号线。实际应用中，一般不使用 STM32SPI 外设的标准 NSS 信号线，而是更简单地使用普通的 GPIO，软件控制它的电平输出，从而产生通信起始和停止信号。

STM32 使用 SPI 外设通信时，在通信的不同阶段它会对状态寄存器 SR 的不同数据位写入参数，我们通过读取这些寄存器标志来了解通信状态。图 7-6 是"主模式"流程，即 STM32 作为 SPI 通信的主机端时的数据收发过程。

主模式收发流程及事件说明如下：

1)控制 NSS 信号线，产生起始信号（图中没有画出）。

2)把要发送的数据写入数据寄存器 DR 中，该数据会被存储到发送缓冲区。

3)通信开始，SCK 时钟开始运行。MOSI 把发送缓冲区中的数据一位一位地传输出

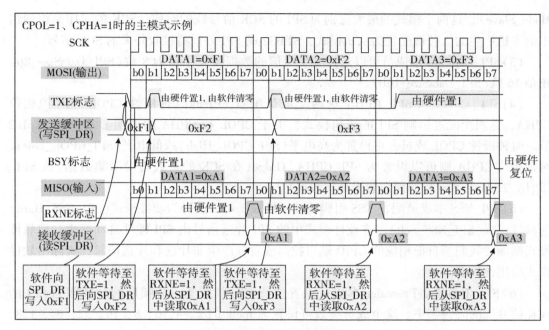

图 7-6　主发送器通信过程图

去；MISO 则把数据一位一位地存储进接收缓冲区中。

4）当发送完一帧数据的时候，状态寄存器 SR 中的 TXE 标志位会被置 1，表示传输完一帧，发送缓冲区已空；类似地，当接收完一帧数据的时候，RXNE 标志位会被置 1，表示传输完一帧，接收缓冲区非空。

5）等待到 TXE 标志位为 1 时，若还要继续发送数据，则再次往数据寄存器 DR 写入数据即可；等待到 RXNE 标志位为 1 时，通过读取数据寄存器 DR 可以获取接收缓冲区中的内容。假如我们使能了 TXE 或 RXNE 中断，TXE 或 RXNE 置 1 时会产生 SPI 中断信号，进入同一个中断服务函数。到 SPI 中断服务程序后，可通过检查寄存器位来了解是哪一个事件，再分别进行处理。也可以使用 DMA 方式来收发数据寄存器 DR 中的数据。

SPI 初始化结构体详解

同其他外设一样，STM32 标准库提供了 SPI 初始化结构体及初始化函数来配置 SPI 外设。初始化结构体及函数定义在库文件 stm32f4xx_spi.h 及 stm32f4xx_spi.c 中，编程时我们可以结合这两个文件内的注释使用或参考库帮助文档。了解初始化结构体后我们就能对 SPI 外设运用自如了，这些结构体成员说明如下，其中括号内的文字是对应参数在 STM32 标准库中定义的宏。

（1）SPI_Direction 本成员设置 SPI 的通信方向，可设置为双线全双工（SPI_Direction_2Lines_FullDuplex）、双线只接收（SPI_Direction_2Lines_RxOnly）、单线只接收（SPI_Direction_1Line_Rx）、单线只发送模式（SPI_Direction_1Line_Tx）。

（2）SPI_Mode 本成员设置 SPI 工作在主机模式（SPI_Mode_Master）或从机模式（SPI_

Mode_Slave），这两个模式的最大区别为 SPI 的 SCK 信号线的时序，SCK 的时序是由通信中的主机产生的。若被配置为从机模式，STM32 的 SPI 外设将接收外来的 SCK 信号。

（3）SPI_DataSize 本成员可以选择 SPI 通信的数据帧大小是为 8 位（SPI_DataSize_8b）还是 16 位（SPI_DataSize_16b）。

（4）SPI_CPOL 和 SPI_CPHA 这两个成员配置 SPI 的时钟极性 CPOL 和时钟相位 CPHA，这两个配置影响 SPI 的通信模式，关于 CPOL 和 CPHA 的说明参考前面 23.1.2 节。时钟极性 CPOL 成员，可设置为高电平（SPI_CPOL_High）或低电平（SPI_CPOL_Low）。时钟相位 CPHA 则可以设置为 SPI_CPHA_1Edge（在 SCK 的奇数边沿采集数据）或 SPI_CPHA_2Edge（在 SCK 的偶数边沿采集数据）。

（5）SPI_NSS 本成员配置 NSS 引脚的使用模式，可以选择为硬件模式（SPI_NSS_Hard）与软件模式（SPI_NSS_Soft）。在硬件模式中的 SPI 片选信号由 SPI 硬件自动产生，而软件模式则需要我们亲自把相应的 GPIO 端口拉高或置低产生非片选和片选信号。实际中软件模式应用比较多。

（6）SPI_BaudRatePrescaler 本成员设置波特率分频因子，分频后的时钟即为 SPI 的 SCK 信号线的时钟频率。这个成员参数可设置为 fpclk 的 2、4、6、8、16、32、64、128、256 分频。

（7）SPI_FirstBit 所有串行的通信协议都会有 MSB 先行（高位数据在前）还是 LSB 先行（低位数据在前）的问题，而 STM32 的 SPI 模块可以通过这个结构体成员，对这个特性编程控制。

（8）SPI_CRCPolynomial 这是 SPI 的 CRC 校验中的多项式，若我们使用 CRC 校验时，就使用这个成员的参数（多项式），来计算 CRC 的值。配置完这些结构体成员后，我们要调用 SPI_Init 函数把这些参数写入寄存器中，实现 SPI 的初始化，然后调用 SPI_Cmd 来使能 SPI 外设。

Flsah 存储器又称闪存，它与 EEPROM 都是掉电后数据不丢失的存储器，但 Flash 存储器容量普遍大于 EEPROM，现在基本取代了它的地位。我们生活中常用的 U 盘、SD 卡、SSD 固态硬盘以及我们 STM32 芯片内部用于存储程序的设备，都是 Flash 类型的存储器。在存储控制上，Flash 芯片只能一大片一大片地擦写，而在第 22 章中我们了解到 EEPROM 可以单个字节擦写。本小节通过使用 SPI 通信的串行 Flash 存储芯片的读写实验，为大家讲解 STM32 的 SPI 使用方法。实验中 STM32 的 SPI 外设采用主模式，通过查询事件的方式来确保正常通信。

SPI 串行 Flash 硬件连接图见图 7-7。本实验板中的 Flash 芯片（型号：W25Q128）是一种使用 SPI 通信协议的 NORFlash 存储器，它的 CS/CLK/DIO/DO 引脚分别连接到了 STM32 对应的 SDI 引脚 NSS/SCK/MOSI/MISO 上，其中 STM32 的 NSS 引脚是一个普通的 GPIO，不是 SPI 的专用 NSS 引脚，所以程序中我们要使用软件控制的方式。Flash 芯片中还有 WP 和 HOLD 引脚。WP 引脚可控制写保护功能，当该引脚为低电平时，禁止写入数据。这里直接接电源，不使用写保护功能。HOLD 引脚可用于暂停通信，该引脚为低电平时，通信暂停，数据输出引脚输出高阻抗状态，时钟和数据输入引脚无效。这里直接接电源，不使用通信暂停功能。

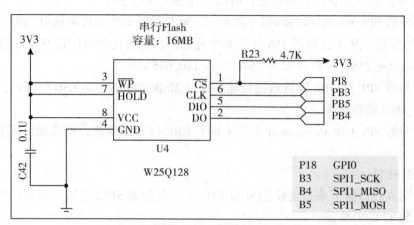

图 7-7 SPI 串行 Flash 硬件连接图

关于 Flash 芯片的更多信息，可参考其数据手册《W25Q128》。若您使用的实验板 Flash 的型号或控制引脚不一样，只需根据我们的工程修改即可，程序的控制原理相同。

7.2 Spi 总线通信嵌入式软件系统设计

(1)IO 口初始化：

要用 SPI2，第一步就要使能 SPI2 的时钟。其次要设置 SPI2 的相关引脚为复用输出，这样才会连接到 SPI2 上否则这些 IO 口还是默认的状态，也就是标准输入输出口。这里使用的是 PB13、14、15 这 3 个(SCK. 、MISO、MOSI，CS 使用软件管理方式)，所以设置这三个为复用 IO。

(2)初始化 SPI 标准接口(结构体)：

第一个参数 SPI_Direction 是用来设置 SPI 的通信方式，可以选择为半双工，全双工，以及串行发和串行收方式，这里选择全双工模式 SPI_Direction_2Lines_FullDuplex。

第二个参数 SPI_Mode 用来设置 SPI 的主从模式，这里设置为主机模式 SPI_Mode_Master，当然也可以选择为从机模式 SPI_Mode_Slave。

第三个参数 SPI_DataSiz 为 8 位还是 16 位帧格式选择项，这里是 8 位传输，选择 SPI_DataSize_8b。

第四个参数 SPI_CPOL 用来设置时钟极性，设置串行同步时钟的空闲状态为高电平所以选择 SPI_CPOL_High。

第五个参数 SPI_CPHA 用来设置时钟相位，也就是选择在串行同步时钟的第几个跳变沿(上升或下降)数据被采样，可以为第一个或者第二个条边沿采集，这里选择第二个跳

181

变沿，所以选择 SPI_CPHA_2Edge

第六个参数 SPI_NSS 设置 NSS 信号由硬件(NSS 管脚)还是软件控制，这里通过软件控制 NSS 关键，而不是硬件自动控制，所以选择 SPI_NSS_Soft。

第七个参数 SPI_BaudRatePrescaler 很关键，就是设置 SPI 波特率预分频值也就是决定 SPI 的时钟的参数，从不分频道 256 分频 8 个可选值，初始化的时候选择 256 分频值 SPI_BaudRatePrescaler_256，传输速度为 36M/256＝140.625KHz。

第八个参数 SPI_FirstBit 设置数据传输顺序是 MSB 位在前还是 LSB 位在前，这里选择 SPI_FirstBit_MSB 高位在前。

第九个参数 SPI_CRCPolynomial 是用来设置 CRC 校验多项式，提高通信可靠性，大于 1 即可。

(3)使能 SPI2：

初始化完成之后接下来是要使能 SPI2 通信了，在使能 SPI2 之后，就可以开始 SPI 通讯了。使能 SPI2 的方法是：

SPI_Cmd(SPI2，ENABLE)；//使能 SPI 外设

(4)启动数据传输：

外设的写操作和读操作是同步完成的。如果只进行写操作，主机只需忽略接收到的字节；反之，若主机要读取从机的一个字节，就必须发送一个空字节来引发从机的传输。

(1)SPI 传输数据：

通信接口需要有发送数据和接受数据的函数，固件库提供的发送数据函数原型为：

void SPI_I2S_SendData(SPI_TypeDef * SPIx, uint16_t Data)；

往 SPIx 数据寄存器写入数据 Data，从而实现发送。固件库提供的接受数据函数原型为：uint16_t SPI_I2S_ReceiveData(SPI_TypeDef * SPIx)；从 SPIx 数据寄存器读出接受到的数据。

(2)获取 SPI 传输状态：

SPI_I2S_GetFlagStatus(SPI2, SPI_I2S_FLAG_TXE)；

SPI_I2S_GetFlagStatus(SPI2, SPI_I2S_FLAG_RXNE)；如图 7-8 所示初始化流程图。

既然 SPI 标准协议是用 4 条信号线，那么首先需要初始化 4 个引脚，其中 MISO 引脚要初始化为输入引脚，其他三条信号线 SCL，CS，MOSI 引脚都初始化为输出引脚。

片选信号与时钟极性在初始化时将对应的引脚设置为高电平或低电平就对应不同的模式(所谓的时钟极性也就是在空闲状态下时钟信号的高低电平状态)

初始化设置好后就该写读写数据函数了，那么读写数据函数分为两种形式：

一种是分开读写，也就是读是一个函数，写是一个函数，分时传输数据，另一种是读写数据是一个函数，同步传输数据，比如在时钟的上升沿是写数据，那么在时钟的下降沿就是读数据，另一种是读写数据是一个函数，同步传输数据，比如在时钟的上升沿是写数据，那么在时钟的下降沿就是读数据。

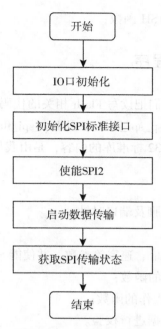

图 7-8　SPI 初始化流程图

FLASH 介绍

（1）Flash 物理特性：

只能写 0，不能写 1，也就是说，当 bit＝1 时，此 bit 可以写数据改变这个 bit 值，当 bit＝0 时，说明此 bit 有数值了，不能再写了，只能擦除后再写数据。

（2）结构组成：

W25Q128 将 16M 的容量分为 256 个块（Block），每个块大小为 64K 字节，每个块又分为 16 个扇区（Sector），每个扇区 4K 个字节。W25Q128 的最小擦除单位为一个扇区，也就是每次必须擦除 4K 个字节。这样我们需要给 W25Q128 开辟一个至少 4K 的缓存区，这样对 SRAM 要求比较高，要求芯片必须有 4K 以上 SRAM 才能很好地操作。

（3）W25Q128 相关指令与函数

1）初始化片选信号线；

2）读写状态寄存器（0x05，0x01）；

3）等待空闲，进入掉电模式（0xB9），唤醒 flash（0xAB）函数；

4）写使能与写禁止（0x06，0x04）；

5）读制造商和芯片 ID（90h），先发送命令，再发送 24 位空字节，再接收 16 位地址；

6）读数据（0x03），先发送读命令，再发送 24 位地址，再读取指定大小数据；

7）页写函数（0x02）；

8）擦除整个芯片（0xC7），擦除一个扇区（0x20）；

9）无检验页写 SPI FLASH 函数；

10)检验是否擦除写 SPI FLASH 函数；

7.3　Spi 总线通信系统程序

为了使工程更加有条理，我们把读写 Flash 相关的代码独立出来分开存储，方便以后移植。在"工程模板"之上新建 bsp_spi_flash.c 及 bsp_spi_flash.h 文件，这些文件也可根据个人喜好命名，它们不属于 STM32 标准库的内容，是由我们自己根据应用需要编写的。

1. 编程要点

1)初始化通信使用的目标引脚及端口时钟；

2)使能 SPI 外设的时钟；

3)配置 SPI 外设的模式、地址、速率等参数，并使能 SPI 外设；

4)编写基本 SPI 按字节收发的函数；

5)编写对 Flash 擦除及读写操作的函数；

6)编写测试程序，对读写数据进行校验。

2. 代码分析

(1)SPI 硬件相关宏定义我们把 SPI 硬件相关的配置都以宏的形式定义到 bsp_spi_flash.h 文件中，代码如下：

CS(NSS)引脚输出低电平

#defineSPI_Flash_CS_LOW( ){Flash_CS_GPIO_PORT->BSRRH = Flash_CS_PIN;}//控制

CS(NSS)引脚输出高电平

#defineSPI_Flash_CS_HIGH( ){Flash_CS_GPIO_PORT->BSRRL = Flash_CS_PIN;}

以上代码根据硬件连接，把与 Flash 通信使用的 SPI 号、引脚号、引脚源以及复用功能映射都以宏封装起来，并且定义了控制 CS(NSS)引脚输出电平的宏，以便配置产生起始和停止信号时使用。

(2)初始化 SPI 的 GPIO 利用上面的宏，编写 SPI 的初始化函数，代码如下：

SPI_Flash_SPI 引脚

GPIO_InitStructure. GPIO_Pin = Flash_CS_PIN；

GPIO_InitStructure. GPIO_Mode = GPIO_Mode_OUT；

GPIO_Init(Flash_CS_GPIO_PORT, &GPIO_InitStructure)；/ * 停止信号

Flash：CS 引脚高电平

SPI_Flash_CS_HIGH( )；/ * 为方便讲解，以下省略 SPI 模式初始化部分

与所有使用到 GPIO 的外设一样，都要先把使用到的 GPIO 引脚模式初始化，配置好

复用功能。GPIO 初始化流程如下：

1) 使用 GPIO_InitTypeDef 定义 GPIO 初始化结构体变量，以便下面用于存储 GPIO 配置。

2) 调用库函数 RCC_AHB1PeriphClockCmd 来使能 SPI 引脚使用的 GPIO 端口时钟，调用时使用"｜"操作同时配置多个引脚。调用宏 Flash_SPI_CLK_INIT 使能 SPI 外设时钟(该宏封装了 APB 时钟使能的库函数)。

3) 为 GPIO 初始化结构体赋值，把 SCK/MOSI/MISO 引脚初始化成复用推挽模式。而 CS(NSS)引脚由于使用软件控制，配置为普通的推挽输出模式。

4) 使用以上初始化结构体的配置，调用 GPIO_Init 函数向寄存器写入参数，完成 GPIO 的初始化。

(3) 配置 SPI 的模式以上只是配置了 SPI 使用的引脚，对 SPI 外设模式的配置。在配置 STM32 的 SPI 模式前，我们要先了解从机端的 SPI 模式。本例子中可通过查阅 Flash 数据手册《W25Q128》获取。根据 Flash 芯片的说明，它支持 SPI 模式 0 及模式 3，支持双线全双工，使用 MSB 先行模式，支持最高通信频率为 104MHz，数据帧长度为 8 位。我们要把 STM32 的 SPI 外设中的这些参数配置一致，代码如下：

SPI_Init(Flash_SPI, &SPI_InitStructure); 使能 Flash_SPI

SPI_Cmd(Flash_SPI, ENABLE);

这段代码中，把 STM32 的 SPI 外设配置为主机端，双线全双工模式，数据帧长度为 8 位，使用 SPI 模式 3(CPOL=1，CPHA=1)，NSS 引脚由软件控制以及 MSB 先行模式。最后一个成员为 CRC 计算式，由于我们与 Flash 芯片通信不需要 CRC 校验，并没有使能 SPI 的 CRC 功能，这时 CRC 计算式的成员值是无效的。赋值结束后调用库函数 SPI_Init 把这些配置写入寄存器，并调用 SPI_Cmd 函数使能外设。

(4) 使用 SPI 发送和接收一个字节的数据初始化好 SPI 外设后，就可以使用 SPI 通信了。复杂的数据通信都是由单个字节数据收发组成的，我们看看它的代码实现，代码如下：

while(SPI_I2S_GetFlagStatus(Flash_SPI, SPI_I2S_FLAG_RXNE)==RESET)

{if((SPITimeout--)==0)returnSPI_TIMEOUT_UserCallback(1);

}/ * 读取数据寄存器，获取接收缓冲区数据

returnSPI_I2S_ReceiveData(Flash_SPI);

} * @brief 使用 SPI 读取一个字节的数据

* @param 无

* @retval 返回接收到的数据

SPI_Flash_SendByte 发送单字节函数中包含了等待事件的超时处理，这部分原理跟 I2C 中的一样，在此不赘述。SPI_Flash_SendByte 函数实现了前面讲的"SPI 通信过程"：

1) 本函数中不包含 SPI 起始和停止信号，只是收发的主要过程，所以在调用本函数前

后要做好起始和停止信号的操作。

2）对 SPITimeout 变量赋值为宏 SPIT_FLAG_TIMEOUT。这个 SPITimeout 变量在下面的 while 循环中每次循环减 1，该循环通过调用库函数 SPI_I2S_GetFlagStatus 检测事件，若检测到事件，则进入通信的下一阶段，若未检测到事件则停留在此处一直检测。当检测 SPIT_FLAG _TIMEOUT 次还没等待到事件则认为通信失败，调用的 SPI _TIMEOUT_ UserCallback 输出调试信息，并退出通信。

3）通过检测 TXE 标志，获取发送缓冲区的状态，若发送缓冲区为空，则表示可能存在的上一个数据已经发送完毕。

4）等待至发送缓冲区为空后，调用库函数 SPI_I2S_SendData 把要发送的数据 byte 写入 SPI 的数据寄存器 DR。写入 SPI 数据寄存器的数据会存储到发送缓冲区，由 SPI 外设发送出去。

5）写入完毕后等待 RXNE 事件，即接接收缓冲区非空事件。由于 SPI 双线全双工模式下 MOSI 与 MISO 数据传输是同步的（请对比 23.1.2 节阅读），当接收缓冲区非空时，表示上面的数据发送完毕，且接收缓冲区也收到新的数据。

6）等待至接收缓冲区非空时，通过调用库函数 SPI_I2S_ReceiveData 读取 SPI 的数据寄存器 DR，就可以获取接收缓冲区中的新数据了。代码中使用关键字 return 把接收到的这个数据作为 SPI_Flash_SendByte 函数的返回值，所以我们可以看到在下面定义的 SPI 接收数据函数 SPI_Flash_ReadByte，它只是简单地调用了 SPI_Flash_SendByte 函数发送数据 Dummy_Byte，然后获取其返回值（因为不关注发送的数据，所以此时的输入参数 Dummy_Byte 可以为任意值）。可以这样做的原因是 SPI 的接收过程和发送过程实质是一样的，收发同步进行，关键在于我们的上层应用中，关注的是发送还是接收的数据。

（5）控制 Flash 的指令搞定 SPI 的基本收发单元后，还需要了解如何对 Flash 芯片进行读写。Flash 芯片自定义了很多指令，我们通过控制 STM32 利用 SPI 总线向 Flash 芯片发送指令，Flash 芯片收到后就会执行相应的操作。而这些指令，对主机端（STM32）来说，只是遵守最基本的 SPI 通信协议发送出的数据，但在设备端（Flash 芯片）把这些数据解释成不同的意义，所以才成为指令。查看 Flash 芯片的数据手册《W25Q128》，可了解它定义的各种指令的功能及指令格式，见表 7-4。该表中的第 1 列为指令名，第 2 列为指令编码，第 3～N 列的具体内容根据指令的不同而有不同的含义。其中带括号的字节参数，方向为 Flash 向主机传输，即命令响应，不带括号的则为主机向 Flash 传输。表中 A23～A0 指 Flash 芯片内部存储器组织的地址；M7～M0 为厂商号（MANUFACTURERID）；ID15～ID0 为 Flash 芯片的 ID；dummy 指该处可为任意数据；D7～D0 为 Flash 内部存储矩阵的内容。在 Flsah 芯片内部，存储有固定的厂商编号（M7～M0）和不同类型 Flash 芯片独有的编号（ID15～ID0），见表 7-5。

表 7-4   **Flash 常用芯片指令表**

指令	第1字节 (指令编码)	第2字节	第3字节	第4字节	第5字节	第6字节	第7~N字节
Write Enable	06h						
Wie Disable	04h						
Read Stanus Register	05h	(S7~S0)					
Write Status Register	01h	(S7~S0)					
Rend Data	03h	A23~A16	A15~A8	A7~A0	(D7~D0)	(Next byte)	contin-uous
Fast Rend	0Bh	A23~A16	A15~A8	A7~A0	dummy	(D7~D0)	(Next byte) contin-uous
Fast Read Dul Ortput	3Bh	A23~A16	A15~A8	A7~A0	dummy	I/O=(D6,D4,D2,D0) O=(D7,D5,D3,D1)	(one byte per 4 clocks, contin-uous)
Page Progan	02h	A23~A16	A15~A8	A7~A0	D7~D0	Next byte	Up to 256 bytes
Block Enase (64KB)	DSh	A23~A16	A15~A8	A7~A0			
Sector Erase (4KB)	20h	A23~A16	A15~A8	A7~A0			
Chip Erase	C7h						
Power-down	B9h						
Release Power down 1 Device ID	ABh	dummy	dummy	dummy	(ID7~ID0)		
Manufacturer/ Device ID	90h	dummy	dummy	00h	(M7~M0)	(ID7~ID0)	
JEDEC ID	9Fh	(M7~M0) 生产厂商	(ID15~ID8) 储存器类型	(ID7~ID0) 容量			

表 7-5   **Flash 数据手册的设备 ID 说明**

Flash 型号	厂商号(M7~M0)	Flash 型号(ID15~ID0)
W25Q64	EF h	4017 h
W25Q128	EF h	4018 h

通过指令表中的读 ID 指令 JEDECID 可以获取这两个编号，该指令编码为 9Fh，是指十六进制数 9F(相当于 C 语言中的 0x9F)。紧跟指令编码的 3 个字节分别为 Flash 芯片输出的(M7~M0)、(ID15~ID8)及(ID7~ID0)。此处我们以该指令为例，配合其指令时序图进行讲解，见图 7-9。

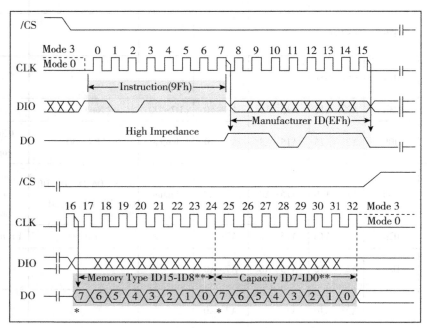

图 7-9　Flash 读 ID 指令"JEDECID"的时序图

主机首先通过 MOSI 线向 Flash 芯片发送第一个字节数据为 9Fh，当 Flash 芯片收到该数据后，它会解读成主机向它发送了 JEDEC 指令，然后它就作出该命令的响应：通过 MISO 线把它的厂商 ID(M7-M0)及芯片类型(ID15-0)发送给主机，主机接收到指令响应后可进行校验。常见的应用是主机端通过读取设备 ID 来测试硬件是否连接正常，或用于识别设备。

对于 Flash 芯片的其他指令都是类似的，只是有的指令包含多个字节，或者响应包含更多的数据。实际上，编写设备驱动都是有一定的规律可循的。首先要确定设备使用的是什么通信协议。如上一章中的 EEPROM 使用的是 I2C，本章的 Flash 使用的是 SPI。那么我们就先根据它的通信协议，选择好 STM32 的硬件模块，并进行相应的 I2C 或 SPI 模块初始化。接着，我们要了解目标设备的相关指令，因为不同的设备，都会有相应的不同的指令。如 EEPROM 中会把第 1 个数据解释为内部存储矩阵的地址(实质就是指令)。而 Flash 则定义了更多的指令、有写指令、读指令、读 ID 指令等。最后，根据这些指令的格式要求，使用通信协议向设备发送指令，达到控制设备的目标。

(6)定义 Flash 指令编码表为了方便使用，我们把 Flash 芯片的常用指令编码使用宏封

装起来，后面需要发送指令编码的时候直接使用这些宏即可，代码如下：#defineW25X_WriteEnable0x06

#defineW25X_WriteDisable0x04

#defineW25X_ReadStatusReg0x05

#defineW25X_WriteStatusReg0x01

#defineW25X_ReadData0x03

#defineW25X_FastReadData0x0B

#defineW25X_FastReadDual0x3B

#defineW25X_PageProgram0x02

#defineW25X_BlockErase0xD8

（7）读取 Flash 芯片 ID 根据 JEDEC 指令的时序，我们把读取 FlashID 的过程编写成一个函数，代码如下：

读取 Flash 芯片 ID

CS 低电平

SPI_Flash_CS_LOW( )；/＊发送 JEDEC 指令，读取

SPI_Flash_SendByte(W25X_JedecDeviceID)；/＊读取一个字节数据＊/

Temp0＝SPI_Flash_SendByte(Dummy_Byte)；/＊读取一个字节数据＊/20Temp1＝SPI_Flash_SendByte(Dummy_Byte)；/＊读取一个字节数据＊/23Temp2＝SPI_Flash_SendByte(Dummy_Byte)；/＊停止通信：

CS 高电平＊/

SPI_Flash_CS_HIGH( )；

/＊把数据组合起来，作为函数的返回值＊/

Temp＝(Temp0<<16) | (Temp1<<8) | Temp2；

returnTemp；

这段代码利用控制 CS 引脚电平的宏 SPI_Flash_CS_LOW/HIGH 以及前面编写的单字节收发函数 SPI_Flash_SendByte，很清晰地实现了 JEDECID 指令的时序：发送一个字节的指令编码 W25X_JedecDeviceID，然后读取 3 个字节，获取 Flash 芯片对该指令的响应，最后把读取到的这 3 个数据合并到变量 Temp 中，然后作为函数返回值，把该返回值与我们定义的宏 sFlash_ID 对比，即可知道 Flash 芯片是否正常。

（8）Flash 写使能以及读取当前状态在向 Flash 芯片存储矩阵写入数据前，首先要使能写操作，通过 WriteEnable 命令即可写使能，代码如下：

voidSPI_Flash_WriteEnable(void)/＊通信开始：

CS 低

SPI_Flash_CS_LOW( )；/＊发送写使能命令＊/

SPI_Flash_SendByte(W25X_WriteEnable)；/＊通信结束：

CS 高＊/

SPI_Flash_CS_HIGH( )；

与 EEPROM 一样，由于 Flash 芯片向内部存储矩阵写入数据需要消耗一定的时间，并不是在总线通信结束的一瞬间完成的，所以在写操作后需要确认 Flash 芯片"空闲"时才能进行再次写入。为了表示自己的工作状态，Flash 芯片定义了一个状态寄存器，见图 7-10。

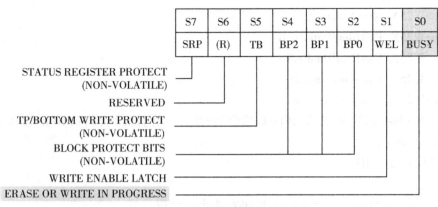

图 7-10　Flash 芯片的状态寄存器

我们只关注这个状态寄存器的第 0 位 BUSY，当这个位为"1"时，表明 Flash 芯片处于忙碌状态，它可能正在对内部的存储矩阵进行"擦除"或"数据写入"的操作。利用指令表中的 ReadStatusRegister 指令就可以读取 Flash 芯片状态寄存器的内容，其时序见图 7-11。

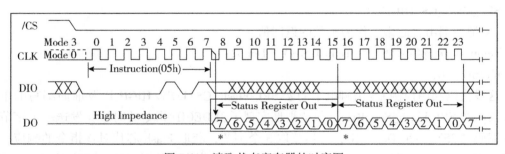

图 7-11　读取状态寄存器的时序图

只要向 Flash 芯片发送了读状态寄存器的指令，Flash 芯片就会持续向主机返回最新的状态寄存器内容，直到收到 SPI 通信的停止信号。据此我们编写了具有等待 Flash 芯片写入结束功能的函数，代码如下：

Flash：CS 低

SPI_Flash_CS_LOW( )；/＊发送读状态寄存器命令

SPI_Flash_SendByte(W25X_ReadStatusReg)；

SPITimeout＝SPIT_FLAG_TIMEOUT；/＊若 Flash 忙碌，则等待＊/do1{/＊读取 Flash

芯片的状态寄存器 * /

Flash_Status = SPI_Flash_SendByte(Dummy_Byte);

if((SPITimeout--) = = 0)25｛26SPI_TIMEOUT_UserCallback(4) ;

return ;

while((Flash_Status&WIP_Flag) = = SET) ; ／ * 正在写入标志/ * 停止信号

Flash：CS 高 * /

SPI_Flash_CS_HIGH( ) ;

这段代码发送读状态寄存器的指令编码 W25X_ReadStatusReg 后，在 while 循环里持续获取寄存器的内容并检验它的 WIP_Flag 标志(即 BUSY 位)，一直等到该标志表示写入结束时才退出本函数，以便继续后面与 Flash 芯片的数据通信。

(9) Flash 扇区擦除由于 Flash 存储器的特性决定了它只能把原来为"1"的数据位改写成"0"，而原来为"0"的数据位不能直接改写为"1"，所以这里涉及数据"擦除"的概念。在写入前，必须要对目标存储矩阵进行擦除操作，把矩阵中的数据位擦除为"1"，在数据写入的时候，如果要存储数据"1"，那就不修改存储矩阵，只有在存储数据为"0"时，才更改该位。通常，对存储矩阵擦除的基本操作单位都是多个字节，如本例子中的 Flash 芯片支持"扇区擦除"、"块擦除"以及"整片擦除"，见表 7-6。

表 7-6　　　　　　　　　　　　**本实验 Flash 芯片的擦除单位**

擦除单位	大小
扇区擦除 Sector Erase	4KB
块擦除 Block Erase	6KB
整片擦除 Chip Erase	整个芯片完全擦除

Flash 芯片的最小擦除单位为扇区(Sector)，而一个块(Block)包含 16 个扇区，其内部存储矩阵分布见图 7-12。

使用扇区擦除指令 SectorErase 可控制 Flash 芯片开始擦写，其指令时序见图 7-13。

扇区擦除指令的第 1 个字节为指令编码，紧接着发送的 3 个字节用于表示要擦除的存储矩阵地址。要注意的是在扇区擦除指令前，还需要先发送"写使能"指令，发送扇区擦除指令后，通过读取寄存器状态等待扇区擦除操作完毕，代码如下：

Flash：CS 低电平

SPI_Flash_CS_LOW( ) ; ／ * 发送扇区擦除指令

SPI_Flash_SendByte(W25X_SectorErase) ; ／ * 发送擦除扇区地址的高位 * /SPI_Flash_SendByte((SectorAddr&0xFF0000) >>16) ; ／ * 发送擦除扇区地址的中位 * /

SPI_Flash_SendByte((SectorAddr&0xFF00) >>8) ; ／ * 发送擦除扇区地址的低位 SPI_Flash_SendByte(SectorAddr&0xFF) ; ／ * 停止信号

191

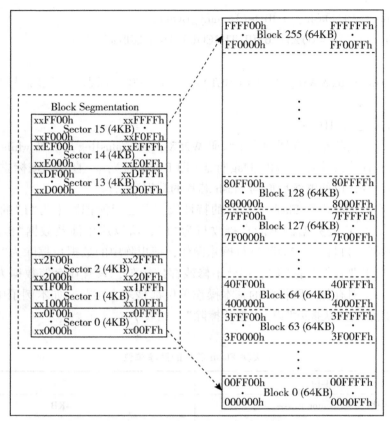

图 7-12　Flash 芯片的存储矩阵图

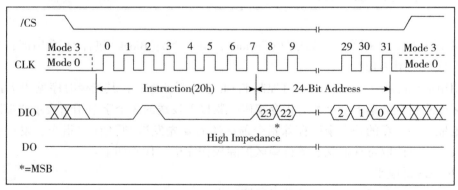

图 7-13　扇区擦除时序图

Flash：CS 高电平 */

SPI_Flash_CS_HIGH( )；/* 等待擦除完毕 */

SPI_Flash_WaitForWriteEnd( )；

　　这段代码调用的函数在前面都已讲解，只要注意发送擦除地址时高位在前即可。调用扇区擦除指令时注意输入的地址要对齐到 4KB。（10）Flash 的页写入目标扇区被擦除完毕后，就可以向它写入数据了。与 EEPROM 类似，Flash 芯片也有页写入命令，使用页写入命令最多可以一次向 Flash 传输 256 个字节的数据，这个单位为页大小。Flash 页写入的时序见图 7-14。

　　从时序图可知，第 1 个字节为"页写入指令"编码，2~4 字节为要写入的"地址 A"，接着的是要写入的内容，最多个可以发送 256 字节数据。这些数据将会从"地址 A"开始，按顺序写入 Flash 的存储矩阵。若发送的数据超出 256 个，则会覆盖前面发送的数据。与擦除指令不一样，页写入指令的地址并不要求按 256 字节对齐，只要确认目标存储单元是擦除状态即可（即被擦除后没有被写入过）。所以，若对"地址 x"执行页写入指令后，发送了 200 个字节数据后终止通信，下一次再执行页写入指令，从"地址（x+200）"开始写入 200 个字节也是没有问题的（小于 256 均可）。只是在实际应用中由于基本擦除单元是 4KB，一般都以扇区为单位进行读写，想深入了解，可学习我们的"Flash 文件系统"相关的例子。

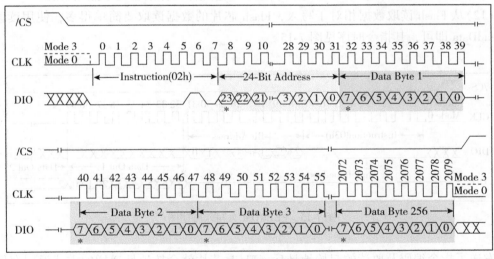

图 7-14　Flash 芯片页写入

把页写入时序封装成函数，其实现见代码如下：

Flash 写使能命令＊/

SPI_Flash_WriteEnable()；/＊选择

SPI_Flash_CS_LOW()；/＊写送写指令

SPI_Flash_SendByte(W25X_PageProgram)；/＊发送写地址的高位

SPI_Flash_SendByte((WriteAddr&0xFF0000)>>16)；/＊发送写地址的中位

SPI_Flash_SendByte((WriteAddr&0xFF00)>>8)；/＊发送写地址的低位

Flash_ERROR("SPI_Flash_PageWritetoolarge!"); /＊写入数据

SPI_Flash_CS_HIGH(); /＊等待写入完毕

这段代码的内容为：先发送"写使能"命令，接着才开始页写入时序，然后发送指令编码、地址，再把要写入的数据一个接一个地发送出去。发送完后结束通信，检查 Flash 状态寄存器，等待 Flash 内部写入结束。

（11）不定量数据写入应用的时候我们常常要写入不定量的数据，直接调用"页写入"函数并不是特别方便，所以我们在它的基础上编写了"不定量数据写入"的函数，其实现见代码如下：

＊@ parampBuffer，要写入数据的指针

＊@ paramWriteAddr，写入地址

＊@ paramNumByteToWrite，写入数据长度

count＝SPI_Flash_PageSize-Addr; /＊计算出要写多少整数页

这段代码与上一章中的"快速写入多字节"函数原理是一样的，运算过程在此不赘述。区别是页的大小以及实际数据写入的时候，使用的是针对 Flash 芯片的页写入函数，且在实际调用这个"不定量数据写入"函数时，还要注意确保目标扇区处于擦除状态

（12）从 Flash 读取数据相对于写入，Flash 芯片的数据读取要简单得多，使用读取指令 ReadData 即可，其指令时序见图 7-15。

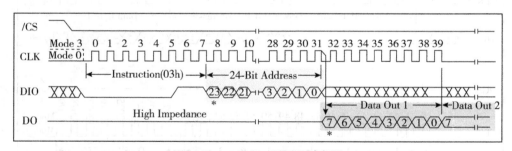

图 7-15　EEPROM 页写入时序图

发送了指令编码及要读的起始地址后，Flash 芯片就会按地址递增的方式返回存储矩阵的内容，读取的数据量没有限制，只要没有停止通信，Flash 芯片就会一直返回数据

SPI_Flash_SendByte(ReadAddr&0xFF); /＊读取数据＊/

while(NumByteToRead--)/＊读取一个字节＊/

＊pBuffer＝SPI_Flash_SendByte(Dummy_Byte); /＊指向下一个字节缓冲区＊

/pBuffer++; 30⌐3132/＊停止信号

Flash：CS 高电平＊/

SPI_Flash_CS_HIGH();

由于读取的数据量没有限制，所以发送读命令后一直接收 NumByteToRead 个数据到

结束即可。

最后我们来编写 main 函数，进行 Flash 芯片读写校验，见代码如下：

#defineTxBufferSize1（countof（TxBuffer1）-1）

#defineRxBufferSize1（countof（TxBuffer1）-1）

#definecountof（a）（sizeof（a）/sizeof（*（a）））

#defineBufferSize（countof（Tx_Buffer）-1）

#defineFlash_WriteAddress0x00000

#defineFlash_ReadAddressFlash_WriteAddress

#defineFlash_SectorToEraseFlash_WriteAddress/*发送缓冲区初始化

uint8_tRx_Buffer[BufferSize]；//读取的

SPI_Flash_BufferRead（Rx_Buffer，Flash_ReadAddress，BufferSize）；

printf（"\r\n 读出的数据为：\r\n%s"，Rx_Buffer）；/*检查写入的数据与读出的数据是否相等

TransferStatus1 = Buffercmp（Tx_Buffer，Rx_Buffer，BufferSize）；

if（PASSED = = TransferStatus1）

LED_GREEN；

printf（"\r\n16M 串行

Flash（W25Q128）测试成功！\n\r"）；

else4LED_RED；

printf（"\r\n16M 串行 Flash（W25Q128）测试失败

函数中初始化了 LED、串口、SPI 外设，然后读取 Flash 芯片的 ID 进行校验，若 ID 校验通过则向 Flash 的特定地址写入测试数据，然后再从该地址读取数据，测试读写是否正常。注意：由于实验板上的 Flash 芯片默认已经存储了特定用途的数据，如擦除了这些数据会影响某些程序的运行。所以我们预留了 Flash 芯片的"第 0 扇区（0~4096 地址）"专用于本实验，如非必要，请勿擦除其他地址的内容。如已擦除，可在秉火论坛找到"刷外部 Flash 内容"程序，根据其说明给 Flash 重新写入出厂内容。

第8章 以太网接口通信开发案例

8.1 以太网接口通信硬件系统设计

借助以太网外设,STM32F4xx 可以通过以太网按照 IEEE 802.3-2002 标准发送和接收数据。以太网提供了可配置、灵活的外设,用以满足客户的各种应用需求。它支持与外部物理层(PHY)相连的两个工业标准接口:默认情况下使用的介质独立接口(MII)(在 IEEE 802.3 规范中定义)和简化介质独立接口(RMII)。它有多种应用领域,例如交换机、网络接口卡等。

以太网遵守以下标准:

- IEEE 802.3-2002,用于以太网 MAC。
- IEEE 1588-2008 标准,用于规定联网时钟同步的精度。
- AMBA 2.0,用于 AHB 主/从端口。
- RMII 联盟的 RMII 规范。

互联网模型

互联网技术对人类社会的影响不言而喻。当今大部分电子设备都能以不同的方式接入互联网(Internet),在家庭中 PC 常见的互联网接入方式是使用路由器(Router)组建小型局域网(LAN),利用互联网专线或者调制调解器(modem)经过电话线网络,连接到互联网服务提供商(ISP),由互联网服务提供商把用户的局域网接入互联网。而企业或学校的局域网规模较大,常使用用交换机组成局域网,经过路由以不同的方式接入互联网中。通信至少要有两个设备,需要有相互兼容的硬件和软件支持,我们称为通信协议。以太网通信的结构比较复杂,国际标准组织将整个以太网通信结构制定了 OSI 模型,总共分层七层,分别为应用层、表示层、会话层、传输层、网络层、数据链路层和物理层,每个层功能不同,通信中各司其职,整个模型包括硬件和软件定义。OSI 模型是理想分层,一般的网络系统只是涉及其中几层。TCP/IP 是互联网最基本的协议,是互联网通信使用的网络协议,由网络层的 IP 协议和传输层的 TCP 协议组成。TCP/IP 只有四层,分别为应用层、传输层、网络层以及网络访问层。虽然 TCP/IP 分层少了,但与 OSI 模型是不冲突的,它把 OSI 模型一些层次整合一起的,本质上可以实现相同功能。实际上,还有一个 TCP/IP 混合模型,分为五层,如图 8-1 所示。它实际与 TCP/IP 四层模型是相通的,只是把网络访问层拆成数据链链路层和物理层。这种分层方法更便于我们学习理解。

196

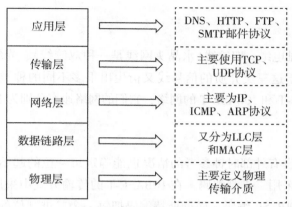

图 8-1 TCP/IP 混合参考模型

设计网络时，为了降低网络设计的复杂性，对组成网络的硬件、软件进行封装、分层，这些分层即构成了网络体系模型。在两个设备相同层之间的对话、通信约定，构成了层级协议。设备中使用的所有协议加起来统称协议栈。在这个网络模型中，每一层完成不同的任务，都提供接口供上一层访问。而在每层的内部，可以使用不同的方式来实现接口，因而内部的改变不会影响其他层。在 TCP/IP 混合参考模型中，数据链路层又被分为 LLC 层（逻辑链路层）和 MAC 层（媒体介质访问层）。目前，对于普通的接入网络终端的设备，LLC 层和 MAC 层是软、硬件的分界线。如 PC 的网卡主要负责实现参考模型中的 MAC 子层和物理层，在 PC 的软件系统中则有一套庞大的程序，实现了 LLC 层及以上的所有网络层次的协议。由硬件实现的物理层和 MAC 子层在不同的网络形式有很大的区别，如以太网和 WiFi，这是由物理传输方式决定的。但由软件实现的其他网络层次通常不会有太大区别，在 PC 上也许能实现完整的功能，一般支持所有协议，而在嵌入式领域则按需要进行裁剪。

以太网

以太网（Ethernet）是互联网技术的一种，由于它是在组网技术中占的比例最高，很多人直接把以太网理解为互联网。以太网是指遵守 IEEE802.3 标准组成的局域网，由 IEEE802.3 标准规定的主要是位于参考模型的物理层（PHY）和数据链路层中的介质访问控制子层（MAC）。在家庭、企业和学校所组建的 PC 局域网形式一般也是以太网，其标志是使用水晶头网线来连接（当然还有其他形式）。IEEE 还有其他局域网标准，如 IEEE802.11 是无线局域网，俗称 WiFi。IEEE802.15 是个人域网，即蓝牙技术，其中的 802.15.4 标准则是 ZigBee 技术。现阶段，工业控制、环境监测、智能家居的嵌入式设备产生了接入互联网的需求，利用以太网技术，嵌入式设备可以非常容易地接入现有的计算机网络中。

PHY 层

在物理层，由 IEEE802.3 标准规定了以太网使用的传输介质、传输速度、数据编码方式和冲突检测机制，物理层一般是通过一个 PHY 芯片实现其功能的。

1. 传输介质

传输介质包括同轴电缆、双绞线(水晶头网线是一种双绞线)、光纤。根据不同的传输速度和距离要求，基于这三类介质的信号线又衍生出很多不同的种类。最常用的是"五类线"，适用于 100BASE-T 和 10BASE-T 的网络，它们的网络速率分别为 100Mbps 和 10Mbps。

2. 编码

为了让接收方在没有外部时钟参考的情况也能确定每一位的起始、结束和中间位置，在传输信号时不直接采用二进制编码。在 10BASE-T 的传输方式中采用曼彻斯特编码，在 100BASE-T 中则采用 4B/5B 编码。曼彻斯特编码把每一个二进制位的周期分为两个间隔，在表示"1"时，以前半个周期为高电平，后半个周期为低电平。表示"0"时则相反，见图 8-2。

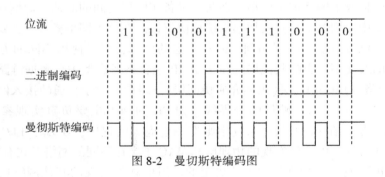

图 8-2　曼切斯特编码图

采用曼彻斯特码在每个位周期都有电压变化，便于同步。但这样的编码方式效率太低，只有 50%。在 100BASE-T 采用的 4B/5B 编码是把待发送数据位流的每 4 位分为一组，以特定的 5 位编码来表示，这些特定的 5 位编码能使数据流有足够多的跳变，达到同步的目的，而且效率也从曼彻斯特编码的 50% 提高到了 80%。

3. CSMA/CD 冲突检测

早期的以太网大多是多个节点连接到同一条网络总线上(总线型网络)，存在信道竞争问题，因而每个连接到以太网上的节点都必须具备冲突检测功能。以太网具备 CSMA/CD 冲突检测机制，如果多个节点同时利用同一条总线发送数据，则会产生冲突，总线上的节点可通过接收到的信号与原始发送的信号的比较检测是否存在冲突，若存在冲突则停止发送数据，随机等待一段时间再重传。现在大多数局域网组建的时候很少采用总线型网络，大多是一个设备接入一个独立的路由或交换机接口，组成星型网络，不会产生冲突。但为了兼容，新产品还带有冲突检测机制。

MAC 子层

1. MAC 的功能

MAC 子层是属于数据链路层的下半部分，它主要负责与物理层进行数据交接，如是否可以发送数据、发送的数据是否正确、对数据流进行控制等。它自动对来自上层的数据包加上一些控制信号，交给物理层。接收方得到正常数据时，自动去除 MAC 控制信号，把该数据包交给上层。

2. MAC 数据包

IEEE 对以太网上传输的数据包格式也进行了统一规定，见图 8-3。该数据包被称为 MAC 数据包。MAC 数据包由前导字段、帧起始定界符、目标地址、源地址、数据包类型、数据域、填充域、校验和域组成。·前导字段：也称报头，这是一段方波，用于使收发节点的时钟同步。内容为连续 7 个字节的 0x55。字段和帧起始定界符在 MAC 收到数据包后会自动过滤掉。·帧起始定界符（SFD）：用于区分前导段与数据段的，内容为 0xD5。·MAC 地址：MAC 地址由 48 位数字组成，它是网卡的物理地址，在以太网传输的最底层，就是根据 MAC 地址来收发数据的。部分 MAC 地址用于广播和多播，在同一个网络里不能有两个相同的 MAC 地址。PC 的网卡在出厂时已经设置好了 MAC 地址，但也可以通过一些软件来进行修改，在嵌入式的以太网控制器中可由程序进行配置。数据包中的 DA 是目标地址，SA 是源地址。

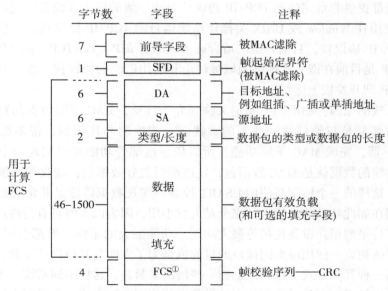

注：1.发送FCS时，首先发送bit31最后发送bit0。

图 8-3 MAC 数据包格式

数据包类型：本区域可以用来描述本 MAC 数据包是属于 TCP/IP 协议层的 IP 包、ARP 包，还是 SNMP 包，也可以用来描述本 MAC 数据包数据段的长度。如果该值被设置大于 0x0600，不用于长度描述，而是用于类型描述功能，表示与以太网帧相关的 MAC 客户端协议的种类。

数据段：数据段是 MAC 包的核心内容，它包含的数据来自 MAC 的上层。其长度可以为 0~1500 字节。

填充域：由于协议要求整个 MAC 数据包的长度至少为 64 字节（接收到的数据包如果少于 64 字节会被认为发生冲突，数据包被自动丢弃），当数据段的字节少于 46 字节时，在填充域会自动填上无效数据，以使数据包符合长度要求。

校验和域：MAC 数据包的尾部是校验和域，它保存了 CRC 校验序列，用于检错。以上是标准的 MAC 数据包，IEEE802.3 同时还规定了扩展的 MAC 数据包，它是在标准的 MAC 数据包的 SA 和数据包类型之间添加 4 个字节的 QTag 前缀字段，用于获取标志的 MAC 帧。前两个字节固定为 0x8100，用于识别 QTag 前缀的存在；后两个字节内容分别为 3 个位的用户优先级、1 个位的标准格式指示符（CFI）和一个 12 位的 VLAN 标识符。

TCP/IP 协议栈

标准 TCP/IP 协议是用于计算机通信的一组协议，通常称为 TCP/IP 协议栈，通俗讲就是符合以太网通信要求的代码集合，一般要求它可以实现图 8.4 中每个层对应的协议，比如应用层的 HTTP、FTP、DNS、SMTP 协议，传输层的 TCP、UDP 协议、网络层的 IP、ICMP 协议等。关于 TCP/IP 协议详细内容请阅读《TCP/IP 详解》和《用 TCP/IP 进行网际互连》理解。Windows 操作系统、UNIX 类操作系统都有自己的一套方法来实现 TCP/IP 通信协议，它们都提供非常完整的 TCP/IP 协议。对于一般的嵌入式设备，受制于硬件条件没办法支持使用在 Window 或 UNIX 类操作系统运行的 TCP/IP 协议栈，一般只能使用简化版本的 TCP/IP 协议栈，目前开源的适合嵌入式的有 μIP、TinyTCP、μC/TCP-IP、LwIP 等。其中 LwIP 是目前在嵌入式网络领域被讨论和使用广泛的协议栈。本章其中一个目的就是移植 LwIP 到开发板上运行。

需要协议栈的原因：物理层主要定义物理介质性质，MAC 子层负责与物理层进行数据交接，这两部分是与硬件紧密联系的。就嵌入式控制芯片来说，很多都内部集成了 MAC 控制器，器，完成 MAC 子层功能，所以依靠这部分功能可以实现两个设备数据交换。而时间传输的数据就是 MAC 数据包，发送端封装好数据包，接收端则解封数据包得到可用数据，这样的一个模型与使用 USART 控制器实现数据传输是非常类似的。但如果将以太网运用在如此基础的功能上，完全是大材小用，因为以太网具有传输速度快、可传输距离远、支持星型拓扑设备连接等强大功能。功能强大的东西一般都会用高级的应用，这也是设计者的初衷。使用以太网接口的目的就是为了方便与其他设备互联，如果所有设备都约定使用一种互联方式，在软件上加一些层次来封装，这样不同系统、不同的设备通信就变得相对容易了。而且只要新加入的设备也使用同一种方式，就可以直接与之前存在于网络上的其他设备通信。这就是为什么产生了在 MAC 之上的其他层次的网络协议及为什么要使用协议栈的原因。又由于在各种协议栈中 TCP/IP 协议栈得到了最广泛使用，所有接入互联网的设备都遵守 TCP/IP 协议，所以，想方便地与其他设备互联通信，需要提供对 TCP/IP 协议的支持。

各网络层的功能：用以太网和 WiFi 作例子，它们的 MAC 子层和物理层有较大的区别，但在 MAC 之上的 LLC 层、网络层、传输层和应用层的协议是基本上同的，这几层协议由软件实现，并对各层进行封装。根据 TCP/IP 协议，各层的要实现的功能如下：1)LLC 层：处理传输错误；调节数据流，协调收发数据双方速度，防止发送方发送得太快而接收方丢失数据。主要使用数据链路协议。2)网络层：本层也被称为 IP 层。LLC 层负责把数据从线的一端传输到另一端，但很多时候不同的设备位于不同的网络中(并不是简单的网线的两头)。此时就需要网络层来解决子网路由拓扑问题、路径选择问题。在这一层中主要有 IP 协议、ICMP 协议。3)传输层：由网络层处理好了网络传输的路径问题后，端到端的路径就建立起来了。传输层就负责处理端到端的通信。在这一层中主要有 TCP、UDP 协议。4)应用层：经过前面三层的处理，通信完全建立。应用层可以通过调用传输层的接口来编写特定的应用程序。而 TCP/IP 协议一般也会包含一些简单的应用程序，如 Telnet 远程登录、FTP 文件传输、SMTP 邮件传输协议。实际上，在发送数据时，经过网络协议栈的每一层，都会给来自上层的数据添加上一个数据包的头，再传递给下一层。在接收方收到数据时，再一层层地把所在层的数据包的头去掉，向上层递交数据，见图 8-4。

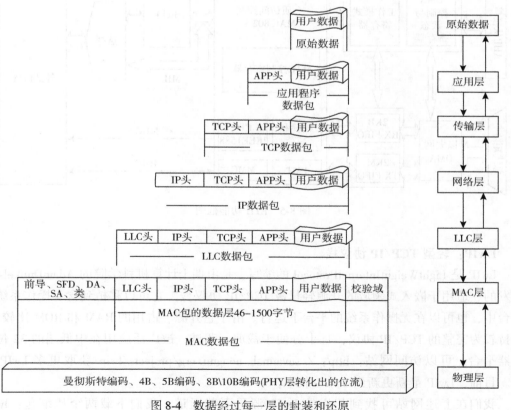

图 8-4 数据经过每一层的封装和还原

以太网外设

STM32F42x 系列控制器内部集成了一个以太网外设（ETH），它实际是一个通过 DMA 控制器进行介质访问控制（MAC），它的功能就是实现 MAC 层的任务。借助以太网外设，STM32F42x 控制器可以按照 IEEE802.3-2002 标准发送和接收 MAC 数据包。ETH 内部自带专用的 DMA 控制器用于 MAC，ETH 支持两个工业标准接口介质独立接口（MII）和简化介质独立接口（RMII）用于与外部 PHY 芯片连接。MII 和 RMII 接口用于 MAC 数据包传输，ETH 还集成了站管理接口（SMI）接口，专门用于与外部 PHY 通信，以访问 PHY 芯片寄存器。物理层定义了以太网使用的传输介质、传输速度、数据编码方式和冲突检测机制，PHY 芯片是物理层功能实现的实体，生活中常用水晶头网线+水晶头插座+PHY 组合构成物理层。ETH 有专用的 DMA 控制器，它通过 AHB 主从接口与内核和存储器相连，AHB 主接口用于控制数据传输，而 AHB 从接口用于访问"控制与状态寄存器"（CSR）空间。在进行数据发送时，先将数据由存储器以 DMA 传输到发送 TXFIFO 进行缓冲，然后由 MAC 内核发送；接收数据时，RXFIFO 先接收以太网数据帧，再由 DMA 传输至存储器。ETH 系统功能框图见图 8-5。

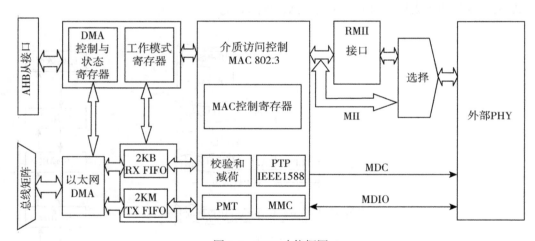

图 8-5　ETH 功能框图

LwIP：轻型 TCP/IP 协议栈

LwIP 是 LightWeightInternetProtocol 的缩写，是由瑞士计算机科学院的 AdamDunkels 等开发的、适用于嵌入式领域的开源轻量级 TCP/IP 协议栈。它可以移植到含有操作系统的平台中，也可以在无操作系统的平台下运行。由于它开源、占用的 RAM 和 ROM 比较少、支持较为完整的 TCP/IP 协议，且十分便于裁剪、调试，被广泛应用在中低端的 32 位控制器平台。可以访问网站：http://savannah.nongnu.org/projects/lwip/获取更多 LwIP 信息。目前，LwIP 最新更新到 1.4.1 版本，

我们在上述网站可找到相应的 LwIP 源码下载通道。我们下载两个压缩包：lwip-

1.4.1.zip 和 contrib-1.4.1.zip，lwip-1.4.1.zip 包括了 LwIP 的实现代码，contrib-1.4.1.zip 包含了不同平台移植 LwIP 的驱动代码和使用 LwIP 实现的一些应用实例测试。但是，遗憾的是 contrib-1.4.1.zip 并没有为 STM32 平台提供实例，对于初学者想要移植 LwIP 来说难度还是非常大的。ST 公司也认识到 LwIP 在嵌入式领域的重要性，所以他们针对 LwIP 应用开发了测试平台，其中一个是在 STM32F4x7 系列控制器运行的(文件编号为：STSW-STM32070)，虽然我们的开发板平台是 STM32F429 控制器，但经测试发现关于 ETH 驱动部分以及 LwIP 接口函数部分是可以通用的。为减少移植工作量，我们选择使用 ST 官方例程相关文件，特别是 ETH 底层驱动部分函数，这样我们可以把更多精力放在理解代码实现方法上。本章的一个重点内容就是介绍 LwIP 移植至我们的开发平台，详细的操作步骤参考下文介绍。

ETH 初始化结构体详解

一般情况下，标准库都会为外设建立一个对应的文件，存放外设相关库函数的实现，比如 stm32f4xx_adc.c、stm32f4xx_can.c 等。然而标准库并没有为 ETH 外设建立相关的文件，这样我们根本没有标准库函数可以使用，究其原因是 ETH 驱动函数与 PHY 芯片联系较为紧密，很难使用一套通用的代码实现兼容。难道要我们自己写寄存器实现？实际情况还没有这么糟糕，正如上文所说的 ST 官方提供 LwIP 方面的测试平台，特别是基于 STM32F4x7 控制器的测试平台是非常合适我们参考的。我们在解压 stsw-stm32070.rar 压缩包之后，在其文件目录⋯ \ STM32F4x7_ETH_LwIP_V1.1.1 \ Libraries \ STM32F4x7_ETH_Driver \ 下可找到 stm32f4x7_eth.c、stm32f4x7_eth.h 和 stm32f4x7_eth_conf_template.h 三个文件，其中的 stm32f4x7_eth.c 和 stm32f4x7_eth.h 就类似 stm32f4xx_adc.c，是关于 ETH 外设的驱动，我们在以太网通信实现实验中会用到这 3 个文件，stm32f4x7_eth.c 和 stm32f4x7_eth.h 两个文件内容不用修改(不过修改了文件名称)。stm32f4x7_eth.h 定义了一个 ETH 外设初始化结构体 ETH_InitTypeDef，理解结构体成员可以帮助我们使用 ETH 功能。初始化结构体成员用于设置 ETH 工作环境参数，并由 ETH 相应初始化配置函数或功能函数调用，这些设定参数将会设置 ETH 相应的寄存器，达到配置 ETH 工作环境的目的。

ETH_AutoNegotiation：自适应功能选择，可选使能或禁止，一般选择使能自适应功能，系统会自动寻找最优工作方式，包括选择 10Mbps 或者 100Mbps 的以太网速度，以及全双工模式或半双工模式。

ETH_Watchdog：以太网看门狗功能选择，可选使能或禁止，它设定以太网 MAC 配置寄存器(ETH_MACCR)的 WD 位的值。如果设置为 1，使能看门狗，在接收 MAC 帧超过 2048 字节时自动切断后面数据，一般选择使能看门狗。如果设置为 0，禁用看门狗，最长可接收 16384 字节的帧。

ETH_Jabber：jabber 定时器功能选择，可选使能或禁止，与看门狗功能类似，只是看门狗用于接收 MAC 帧，jabber 定时器用于发送 MAC 帧，它设定 ETH_MACCR 寄存器的 JD 位的值。如果设置为 1，使能 jabber 定时器，在发送 MAC 帧超过 2048 字节时自动切断后面数据，一般选择使能 jabber 定时器。

ETH_InterFrameGap：控制发送帧间的最小间隙，可选 96 位时间、88 位时间、…、40位时间，它设定 ETH_MACCR 寄存器的 IFG[2：0] 位的值，一般设置 96bit 时间。

ETH_CarrierSense：载波侦听功能选择，可选使能或禁止，它设定 ETH_MACCR 寄存器的 CSD 位的值。当被设置为低电平时，MAC 发送器会生成载波侦听错误，一般使能载波侦听功能。·ETH_Speed：以太网速度选择，可选 10Mbps 或 100Mbps，它设定 ETH_MACCR 寄存器的 FES 位的值，一般设置 100Mbps，但在使能自适应功能之后该位设置无效。

ETH_ReceiveOwn：接收自身帧功能选择，可选使能或禁止，它设定 ETH_MACCR 寄存器的 ROD 位的值。当设置为 0 时，MAC 接收发送时 PHY 提供的所有 MAC 包，如果设置为 1，MAC 禁止在半双工模式下接收帧。一般使能接收。

ETH_LoopbackMode：回送模式选择，可选使能或禁止，它设定 ETH_MACCR 寄存器的 LM 位的值，当设置为 1 时，使能 MAC 在 MII 回送模式下工作。

ETH_Mode：以太网工作模式选择，可选全双工模式或半双工模式，它设定 ETH_MACCR 寄存器 DM 位的值。一般选择全双工模式，在使能了自适应功能后该成员设置无效。

ETH_ChecksumOffload：IPv4 校验和减荷功能选择，可选使能或禁止，它设定 ETH_MACCR 寄存器 IPCO 位的值，当该位被置 1 时使能接收的帧有效载荷的 TCP/UDP/ICMP 标头的 IPv4 校验和检查。一般选择禁用，此时 PCE 和 IPHCE 状态位总是为 0。

ETH_RetryTransmission：传输重试功能，可选使能或禁止，它设定 ETH_MACCR 寄存器 RD 位的值，当被设置为 1 时，MAC 仅尝试发送一次，设置为 0 时，MAC 会尝试根据 BL 的设置进行重试。一般选择使能重试。

ETH_AutomaticPadCRCStrip：自动去除 PAD 和 FCS 字段功能，可选使能或禁用，它设定 ETH_MACCR 寄存器 APCS 位的值。当设置为 1 时，MAC 在长度字段值小于或等于 1500 字节时去除传入帧上的 PAD 和 FCS 字段。一般禁止自动去除 PAD 和 FCS 字段功能。

ETH_BackOffLimit：后退限制，在发送冲突后重新安排发送的延迟时间，可选 10、8、4、1，它设定 ETH_MACCR 寄存器 BL 位的值。一般设置为 10。

ETH_DeferralCheck：检查延迟，可选使能或禁止，它设定 ETH_MACCR 寄存器 DC 位的值，当设置为 0 时，禁止延迟检查功能，MAC 发送延迟，直到 CRS 信号变成无效信号。

ETH_ReceiveAll：接收所有 MAC 帧，可选使能或禁用，它设定以太网 MAC 帧过滤寄存器(ETH_MACFFR)RA 位的值。当设置为 1 时，MAC 接收器将所有接收的帧传送到应用程序，不过滤地址。当设置为 0 时，MAC 接收器会自动过滤不与 SA/DA 匹配的帧。一般选择不接收所有。

ETH_SourceAddrFilter：源地址过滤，可选源地址过滤、源地址反向过滤或禁用源地址过滤，它设定 ETH_MACFFR 寄存器 SAF 位和 SAIF 位的值。一般选择禁用源地址过滤。

ETH_PassControlFrames：传送控制帧，控制所有控制帧的转发，可选阻止所有控制帧到达应用程序、转发所有控制帧、转发通过地址过滤的控制帧，它设定 ETH_MACFFR 寄存器 PCF 位的值。一般选择禁止转发控制帧。

ETH_ BroadcastFramesReception：广播帧接收，可选使能或禁止，它设定 ETH_MACFFR 寄存器 BFD 位的值。当设置为 0 时，使能广播帧接收。一般设置接收广播帧。

ETH_DestinationAddrFilter：目标地址过滤功能选择，可选正常过滤或目标地址反向过滤，它设定 ETH_MACFFR 寄存器 DAIF 位的值。一般设置为正常过滤。

ETH_PromiscuousMode：混合模式，可选使能或禁用，它设定 ETH_MACFFR 寄存器 PM 位的值。当设置为 1 时，不论目标或源地址，地址过滤器都传送所有传入的帧。一般禁用混合模式。

ETH_MulticastFramesFilter：多播源地址过滤，可选完美散列表过滤、散列表过滤、完美过滤或禁用过滤，它设定 ETH_MACFFR 寄存器 HPF 位、PAM 位和 HM 位的值。一般选择完美过滤。

ETH_UnicastFramesFilter：单播源地址过滤，可选完美散列表过滤、散列表过滤或完美过滤，它设定 ETH_MACFFR 寄存器 HPF 位和 HU 位的值。一般选择完美过滤。

ETH_HashTableHigh：散列表高位，和 ETH_HashTableLow 组成 64 位散列表用于组地址过滤，它设定以太网 MAC 散列表高位寄存器（ETH_MACHTHR）的值。

ETH_HashTableLow：散列表低位，和 ETH_HashTableHigh 组成 64 位散列表用于组地址过滤，它设定以太网 MAC 散列表低位寄存器（ETH_MACHTLR）的值。

ETH_PauseTime：暂停时间，保留发送控制帧中暂停时间字段要使用的值，可设置 0~65535，它设定以太网 MAC 流控制寄存器（ETH_MACFCR）PT 位的值。·

ETH_ZeroQuantaPause：零时间片暂停，可选使用或禁止。它设定 ETH_MACFCR 寄存器 ZQPD 位的值，当设置为 1 时，当来自 FIFO 层的流控制信号去断言后，此位会禁止自动生成零时间片暂停控制帧。一般选择禁止。

ETH_PauseLowThreshold：暂停阈值下限，配置暂停定时器的阈值，达到该阈值时，会自动传输程序暂停帧，可选暂停时间减去 4 个间隙、28 个间隙、144 个间隙或 256 个间隙，它设定 ETH_MACFCR 寄存器 PLT 位的值。一般选择暂停时间减去 4 个间隙。

ETH_UnicastPauseFrameDetect：单播暂停帧检测，可选使能或禁止。它设定 ETH_MACFCR 寄存器 UPFD 位的值，当设置为 1 时，MAC 除了检测具有唯一多播地址的暂停帧外，还会检测具有 ETH_MACA0HR 和 ETH_MACA0LR 寄存器所指定的站单播地址的暂停帧。一般设置为禁止。

ETH_ReceiveFlowControl：接收流控制，可选使能或禁止，它设定 ETH_MACFCR 寄存器 RFCE 位的值。当设定为 1 时，MAC 对接收到的暂停帧进行解码，并禁止其在指定时间（暂停时间）内发送；当设置为 0 时，将禁止暂停帧的解码功能。一般设置为禁止。

ETH_TransmitFlowControl：发送流控制，可选使能或禁止，它设定 ETH_MACFCR 寄存器 TFCE 位的值。在全双工模式下，当设置为 1 时，MAC 将使能流控制操作来发送暂停帧；为 0 时，将禁止 MAC 中的流控制操作，MAC 不会传送任何暂停帧。在半双工模式下，当设置为 1 时，MAC 将使能背压操作；为 0 时，将禁止背压功能。

ETH_VLANTagComparison：VLAN 标记比较，可选 12 位或 16 位，它设定以太网 MACVLAN 标记寄存器（ETH_MACVLANTR）VLANTC 位的值。当设置为 1 时，使用 12 位 VLAN 标识符而不是完整的 16 位 VLAN 标记进行比较和过滤；为 0 时，使用全部 16 位进行比较，一般选择 16 位。

ETH_VLANTagIdentifier：VLAN 标记标识符，包含用于标识 VLAN 帧的 802.1QVLAN 标记，并与正在接收的 VLAN 帧的第 15 和第 16 字节进行比较。位[15：13]是用户优先级，位[12]是标准格式指示符（CFI），位[11：0]是 VLAN 标记的 VLAN 标识符（VID）字段。VLANTC 位置 1 时，仅使用 VID（位[11：0]）进行比较。

ETH_DropTCPIPChecksumErrorFrame：丢弃 TCP/IP 校验错误帧，可选使能或禁止，它设定以太网 DMA 工作模式寄存器（ETH_DMAOMR）DTCEFD 位的值，当设置为 1 时，如果帧中仅存在由接收校验和减荷引擎检测出来的错误，则内核不会丢弃它；为 0 时，如果 FEF 为进行了复位，则会丢弃所有错误帧。

ETH_ReceiveStoreForward：接收存储并转发，可选使能或禁止。它设定以太网 DMA 工作模式寄存器（ETH_DMAOMR）RSF 位的值，当设置为 1 时，向 RXFIFO 写入完整帧后可以从中读取一帧，同时忽略接收阈值控制（RTC）位；当设置为 0 时，RXFIFO 在直通模式下工作，取决于 RTC 位的阈值。一般选择使能。

ETH_FlushReceivedFrame：刷新接收帧，可选使能或禁止。它设定 ETH_DMAOMR 寄存器 FTF 位的值，当设置为 1 时，发送 FIFO 控制器逻辑会恢复到默认值，TXFIFO 中的所有数据均会丢失/刷新，刷新结束后改为自动清零。

ETH_TransmitStoreForward：发送存储并并转发，可选使能或禁止。它设定 ETH_DMAOMR 寄存器 TSF 位的值，当设置为 1 时，如果 TXFIFO 有一个完整的帧则会启动发送，忽略 TTC 值；为 0 时，TTC 值才会有效。一般选择使能。

ETH_TransmitThresholdControl：发送阈值控制，有多个阈值可选，它设定 ETH_DMAOMR 寄存器 TTC 位的值，当 TXFIFO 中帧大小大于该阈值时发送会启动，对于小于阈值的全帧也会发送。

ETH_ForwardErrorFrames：转发错误帧，可选使能或禁止，它设定 ETH_DMAOMR 寄存器 FEF 位的值，当设置为 1 时，除了段错误帧之外所有帧都会转发到 DMA；为 0 时，RXFIFO 会丢弃所有错误状态的帧。一般选择禁止。

ETH_ForwardUndersizedGoodFrames：转发过小的好帧，可选使能或禁止。它设定 ETH_DMAOMR 寄存器 FUGF 位的值，当设置为 1 时，RXFIFO 会转发包括 PAD 和 FCS 字段的过小帧；为 0 时，会丢弃小于 64 字节的帧，除非接收阈值被设置为更低。

ETH_ReceiveThresholdControl：接收阈值控制，当 RXFIFO 中的帧大小大于阈值时启动 DMA 传输请求，可选 64 字节、32 字节、96 字节或 128 字节，它设定 ETH_DMAOMR 寄存器 RTC 位的值。

ETH_SecondFrameOperate：处理第 2 个帧，可选使能或禁止。它设定 ETH_DMAOMR

寄存器 OSF 位的值,当设置为 1 时会命令 DMA 处理第 2 个发送数据帧。

ETH_AddressAlignedBeats:地址对齐节拍,可选使能或禁止。它设定以太网 DMA 总线模式寄存器(ETH_DMABMR)AAB 位的值,当设置为 1 并且固定突发位(FB)也为 1 时,AHB 接口会生成与起始地址 LS 位对齐的所有突发;如果 FB 位为 0,则第 1 个突发不对齐,但后续的突发与地址对齐。一般选择使能。

ETH_FixedBurst:固定突发,控制 AHB 主接口是否执行固定突发传输,可选使能或禁止,它设定 ETH_DMABMR 寄存器 FB 位的值,当设置为 1 时,AHB 在正常突发传输开始期间使用 SINGLE、INCR4、INCR8 或 INCR16;为 0 时,AHB 使用 SINGLE 和 INCR 突发传输操作。

ETH_RxDMABurstLength:DMA 突发接收长度,有多个值可选,一般选择 32Beat(节拍),可实现 32×32bits 突发长度,它设定 ETH_DMABMR 寄存器 FPM 位和 RDP 位的值。

ETH_TxDMABurstLength:DMA 突发发送长度,有多个值可选,一般选择 32Beat,可实现 32×32bits 突发长度,它设定 ETH_DMABMR 寄存器 FPM 位和 PBL 位的值。

ETH_DescriptorSkipLength:描述符跳过长度,指定两个未链接描述符之间跳过的字数,地址从当前描述符结束处开始跳到下一个描述符起始处,可选 0~7,它设定 ETH_DMABMR 寄存器 DSL 位的值。·ETH_DMAArbitration:DMA 仲裁,控制 RX 和 TX 优先级,可选 RXTX 优先级比为 1∶1、2∶1、3∶1、4∶1 或者 RX 优先于 TX,它设定 ETH_DMABMR 寄存器 PM 位和 DA 位的值,当设置为 1 时,RX 优先于 TX;为 0 时,循环调度,RXTX 优先级比由 PM 位给出。

8.2 以太网接口通信嵌入式软件系统设计

1. 网络控制器驱动程序的编写

一个完整的以太网控制器驱动程序应包括以下几个基本部分:硬件初始化、接收数据程序、发送数据程序。

(1) RTL8019AS 的初始过程

1)复位 RTL8019AS:GP32 的 PTB4 连接 RTL8019AS 的 RESDRV 来进行复位操作。RSTDRV 为高电平有效,至少需要 800ns 的宽度。给该引脚施加一个 1μs 以上的高电平就可以复位。施加一个高电平后,然后施加一个低电平。复位过程将执行一些操作,至少需要 2ms 的时间,为确保完全复位,需要 100ms 左右的延时;

2)CR=0x21,选择页 0 的寄存器;

3)TPSR=0x45,发送页的起始页地址,初始化为指向第一个发送缓冲区的页即 0x40;

4)PSTART=0x4c,PSTOP=0x80,构造缓冲环:0x4c~0x80;

5)BNRY=0x4e,设置指针;

6)RCR=0xcxce,设置接收配置寄存器,使用接收缓冲区,仅接收自己地址的数据包

（以及广播地址数据包）和多点播送地址包，小于 64 字节的包丢弃，校验错的数据包不接收：

7）TCR＝0xe0，设置发送配置寄存器，启用 CRC 自动生成和自动校验，工作在正常模式

8）DCR＝0xc8，设置数据配置寄存器，使用 FIFO 缓存，普通模式，8 位数据 DMA；

9）IMR＝0x00，设置中断屏蔽寄存器，屏蔽所有中断；

10）CR＝0x61，选择页 1 的寄存器：

11）CURR＝0x4d，CURR 是 RTL8019AS 写内存的指针，指向当前正在写的页的下一页，初始化时指向 BNRY(0x4c)＋1＝0x4d；

12）设置多址寄存器 MAR0～MAR5，均设置为 0x00；

13）设置网卡地址寄存器 PAR0～PAR5：

14）CR＝0x22，选择页 0 的寄存器，进入正常工作状态。

（2）接收数据过程

接收数据过程，如图 8-6 所示，NIC 提供了本地 DMA 通道和远程 DMA 通道。本地 DMA 通道负责本地缓冲区和 FIFO 之间的数据传输：一方面实现两者之间在发送和接收帧时以字节或字方式的数据传输：另一方面在发生发送帧碰撞时，可在处理器不介入的情况下自动重发。远程 DMA 通道负责本地缓冲区和处理器内存之间的以字或字节方式下的数据传输。本地 DMA 通道使用的接收缓冲区提供对接收的帧进行缓存，采取分页管理，每页 256 字节长，这一系列的页缓冲区构成缓冲环结构。RTL8019AS 内置的存储空间的一部分指定为缓冲环的地址空间，由 PSTART 寄存器指定它的页起始地址，PSTOP 寄存器来指定它的页终止地址。逻辑上认为页起始地址与页终止地址相邻，构成循环队列式的缓冲环结构。CURR 寄存器指向新接收到的帧要存放的起始页，作为本地 DMA 的写指针：BNRY 寄存器指向还未读的帧的起始页，作为远程 DMA 的读指针。初始化时 CURR＝0x4D、BNRY＝0x4C. 假如 RTL8019AS 收到一个短数据包，在一页中可以存储的（数据长度小于 256 字节），那么这时候 CURR 将会被加 1，即 CURR 等于 0x4D＋1＝0x4E；假如收到的数据包需要两页来存储，那么 CURR 将等于 0x4D＋2＝0x4F。如果 CURR 等于结束页 PSTOP，也就是 CURR＞0x7F 时，CURR 将被重新设置成 PSTART＝0x4C。CURR 是 RTI8019AS 内部自己控制的，用户不需要干预。RTL8019AS 存储时一定是按页存储，不满一页，也占用一页，下一个数据包将用下一页开始存储。

初始化后，假如收到 1 个小于 256 字节的数据包（该数据包只需 1 页来保存），则 CURR＝0X4D＋1＝0X4E，BNRY＝CURR-2，而不是 BNRY＝CURR-I，两个指针相差了两页，而不是一页。也就是说当 CURR，BNRY 两个指针差 2 页或 2 页以上时表示 RTL8019AS 收到了新的数据包。编程时就是根据这个关系来判断是否有新的数据包到达。接收帧时，RTL8019AS 将网络上的数据帧接收，通过本地 DMA 通道将接收到的数据帧缓存于接收缓冲环中，再通过远程 DMA 通道由微处理器将接收缓冲环的数据帧由数据总线读入存储单元以被程序使用。在接收本地 DMA 通道将接收到的帧从 CURR 寄存器加 4 的

位置开始存放。当接收到的帧完全存入接收缓冲环后，在先前空出的 4 个字节空间中，依次存放：帧接收状态信息（1B）、下一帧的页地址指针（IB）、该帧的帧长度（2B）。

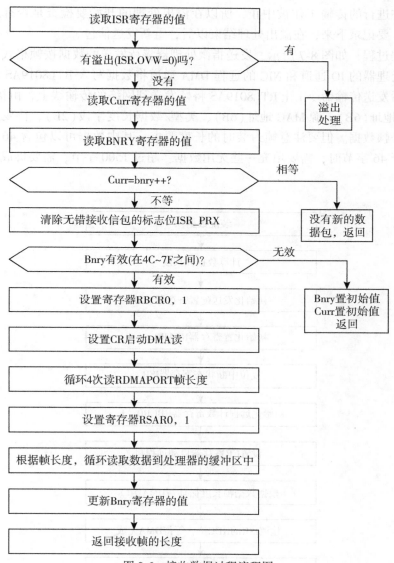

图 8-6 接收数据过程流程图

（3）溢出处理过程

接收数据过程，该过程中有可能发生溢出，此时需要处理，以便能继续正常接收数据，具体描述如下：

由于网上数据流量太大或者微处理器状态不稳定，可能导致接收缓冲环被完全填充，即 CURR 指针追．上了 BNRY 指针。此时 RTL8019AS 会中止接收数据，并且产生溢出中断(ISR 寄存器的 OVW 位置1)。在这种情况下必须进行溢出处理,否则 RTL8019AS 进入不可预知的工作方式。溢出处理的方法是中止 RTL80I9AS 工作,清除远程计数寄存器(RBCR0、RBCRI),再启动 RTL8019AS,进入正常工作模式。但是中止 RTL8019AS 工作可能使得正在进行的传输工作被中止,所以在溢出处理的开始要检查是否有这种情况发生,如果有,要记录下来,在溢出处理结束以后,重新发送信包。

发送数据过程,如图 8-7 所示,发送指微处理器将待发送的数据按帧格式要求封装成帧,再通过处理器的 IO 通道和 NIC 的远程 DMA 通道将数据写入 RTL8019AS 的本地发送缓冲区,然后发送传输命令 i 让 RTL8019AS 将帧发送到网络的传输线上,由接收方接收。将目的 MAC 地址(6B)、源 MAC 地址(6B)、类型/数据长度字段(2B)、待发送的数据依次装配成为一帧数据。但要注意帧封装时的长度要求。其中数据可以包含 46～1500 字节的数据,少于 46 字节时,需要填充一些无用数据:超过 1500 字节,需要拆成多个帧来进行传送。

图 8-7　发送数据过程流程图

2．uIP 的实现

（1）ARP 协议的实现

以太网上的数据通信是依靠硬件的 48 位的 MAC 地址来识别的，以太网设备并不识别 32 位 IP 地址。因此，系统需要具有将 IP 地址转换为 MAC 地址的功能。ARP 协议可以实现这种功能。ARP 协议可细分为 ARP 请求协议和 ARP 响应协议。ARP 请求协议应用于系统根据 IP 地址

主动向其他计算机索取 MAC 地址，其意思是"如果你是这个 IP 地址的拥有者，请回答你的 MAC 地址。"ARP 响应协议应用于 ARP 请求中的 IP 地址和当前系统的 IP 相符，系统向对方提供本系统的 MAC 地址，其实质是"我的 IP 地址和查找 MAC 地址的 IP 地址相符，我提供我的 MAC 地址"。

（2）IP 协议的实现

IP 协议是属于网络层的协议，位于数据链路层和传输层之间。它们的功能是对上层协议提供的数据报添加报文头，报文头中存放了路由所需的信息，这样就使得数据报能在网上进行路由，信息从一台主机上传送到另一台主机上。

1）检测一个外来数据报。根据 IP 报文头所所包含的内容，对一个外来的数据报的检测主要是检测 IP 版本号，报文头长度，报文的实际长度和数据报总长度字段是否相符，首部检验和是否正确。检测流程如图 6-26 所示。

2）IP 头检验和

IP 报文头中的检验和用于预防路由中转过程中出错。在 TCP、IP 协议中，检验和的算法是相同的。在协议封装时，需要产生检验和；在收到信包后，需要检验。检验和算法使用频率比较高，所以需要使用比较高效的检验和算法。协议的不同，检验和所保证的城是不同的。检验和算法描述如下：

1）计算累加和：把被检验的相邻字节成对配成 16 位整数（若数据字节长度为奇数，则在数据尾部补一个字节的 0），对这些整数进行累加，如果产生溢出，则将累加和加 1。

2）生成检验和：先把检验和字段本身置零，按上述规则计算累加和，然后将累加和取反就产生检验和，用这个值替换检验和字段。

3）检验检验和：按规则①计算累加和。如果累加和为 0XFF，则检验成功；否则检验失败

（3）UDP 协议的实现

UDP 和 TCP 是传输层的两个协议。TCP 提供一种面向连接的、可靠的字节流服务，非常适合诸如远程注册和文件传输之类的应用。而 UDP 是一个简单的面向数据报的传输层协议，不提供可靠性，它把应用程序传给 IP 层的数据发送出去，但是并不保证它们能到达目的地。虽然 TCP 能保证数据传输的可靠性，但它的可靠性是靠复杂的协议完成的。若采用 TCP 通信，则需建立连接、维持连接和拆除连接，这将大大增加嵌入式设备的处理时间。而 UDP 头结构相对于 TCP 头结构更加紧凑，因而具有较高的传输效率。虽然它

提供的是不可靠连接，但数据的完整性可以很容易由应用层超时和包重传机制解决，因此，UDP 仍然被应用层经常使用。在嵌入式应用中，通信往往是在一个局域网内的两个节点之间进行，基本上不需要出网关，报文被转发的次数很少，这大大降低了数据丢失的可能性。采用 UDP 传输时，由于不需要维持连接，从而可以使用一种更轻便更快速的接口，在低档单片机的嵌入式应用中更具有优越性。因此，在嵌入式应用中，传输层采用 UDP 通信更合适。

传输层处理过程大致如下：当应用层将数据下传到传输层时，传输层将数据封装成 UDP 报文后再传给网络层；而当网络层将报文上传到传输层时，传输层负责将报文拆包处理，再将处理结果上交给应用层处理。

8.3 以太网接口通信系统程序

无操作系统移植 LwIP 需要的文件见图 8-8。图中只显示了 *.c 文件，还需要用到对应的 *.h 文件。

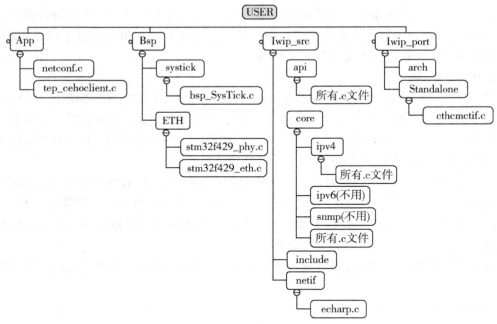

图 8-8 LwIP 移植实验文件结构

接下来，我们就根据图中文件结构详解移植过程。实验例程需要用到系统滴答定时器 systick、调试串口 USART、独立按键 KEY、LED 功能，对这些功能实现不做具体介绍，可以参考相关章节理解。

（1）相关文件拷贝

　　首先，解压 lwip-1.4.1.zip 和 stsw-stm32070.zip 两个压缩包，把整个 lwip-1.4.1 文件夹复制到 USER 文件夹下。特别要说明，在整个移植过程中，不会对 lwip-1.4.1.zip 文件中的文件内容进行修改。然后，在 stsw-stm32070 文件夹找到 port 文件夹（路径：…\Utilities \ Third_Party \ lwip-1.4.1 \ port），把整个 port 文件夹复制 lwip-1.4.1 文件夹中，在 port 文件夹下的 STM32F4x7 文件中把 arch 和 Standalone 两个文件夹直接剪切到 port 文件夹中，即此时 port 文件夹下有 STM32F4x7、arch 和 Standalone3 个文件夹，最后把 STM32F4x7 文件夹删除，最终的文件结构见图 8.15。arch 存放与开发平台相关头文件，Standalone 文件夹是无操作系统移植时 ETH 外设与 LwIP 连接的底层驱动函数。如图 8-9 所示 LwIP 相关文件结构。

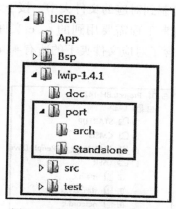

图 8-9　LwIP 相关文件结构图

　　lwip-1.4.1 文件夹下的 doc 文件夹存放 LwIP 版权、移植、使用等说明文件，移植之前有必须认真浏览一遍；src 文件夹存放 LwIP 的实现代码，也是我们工程代码真正需要的文件；test 文件夹存放 LwIP 部分功能测试例程。另外，还有一些无后缀名的文件，都是一些说明性文件，可用记事本直接打开浏览。port 文件夹存放 LwIP 与 STM32 平台连接的相关文件，正如上面所说 contrib-1.4.1.zip 包含了不同平台移植代码，不过遗憾的是没有 STM32 平台的，所以我们需要从 ST 官方提供的测试平台找到这部分连接代码，也就是 port 文件夹的内容。接下来，在 Bsp 文件下新建一个 ETH 文件夹，用于存放与 ETH 相关驱动文件，包括两部分文件，其中一个是 ETH 外设驱动文件，在 stsw-stm32070 文件夹中找到 stm32f4x7_eth. 和 stm32f4x7_eth.c 两个文件（路径：…\ Libraries \ STM32F4x7_ETH_Driver \ ），将这两个文件拷贝到 ETH 文件夹中，对应改名为 stm32f429_eth. h 和 stm32f429_eth. c，这两个文件是 ETH 驱动文件，类似标准库中外设驱动代码实现文件，在移植过程中我们几乎不关心文件的内容。这部分函数由 port 文件夹相关代码调用。另外一部分是相关 GPIO 初始化、ETH 外设初始化、PHY 状态获取等函数的实现，stsw-stm32070 文件夹中找到 stm32f4x7_eth_bsp. c、stm32f4x7_eth_bsp. h 和 stm32f4x7_eth_conf. h 三个文件（路径：…\ Project \ Standalone \ tcp_echo_client \ )，将这 3 个文件复制到 ETH 文件夹中，对应改名为 stm32f429_phy. c、stm32f429_phy. h 和 stm32f429_eth_conf. h。因为，ST 官方 LwIP 测试平台使用的 PHY 型号不是 LAN8720A，所以这 3 个文件需要我们进行修改。最后，是 LwIP 测试代码实现，为测试 LwIP 移植是否成功和检查 LwIP 功能，我们编写 TCP 通信实现代码，设置开发板为 TCP 从机，电脑端为 TCP 主机。在 stsw-stm32070 文件夹中找到 netconf. c、tcp_echoclient. c、lwipopts. h、netconf. h 和 tcp_echoclient. h 五个文件（路径：…\ Project \ Standalone \ tcp_echo_client \ )，直接复制到 App 文件夹（自己新建）中，netconf. c 文件代码实现 LwIP 初始化函数、周期调用函数、DHCP 功能函数等，tcp_echoclient. c 文件实现 TCP 通信参数代码，lwipopts. h 包含 LwIP 功能选项。

（2）为工程添加文件

第一步已经把相关的文件复制到对应的文件夹中，接下来就可以把需要用到的文件添加到工程中。图 8-8 已经指示出来工程需要用到的 *. c 文件，最终工程文件结构见图 8-10。图中 api、ipv4 和 core 都包含了对应文件夹下的所有 *. c 文件。

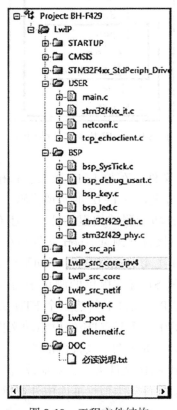

图 8-10　工程文件结构

接下来，还需要在工程选择中添加相关头文件路径，见图 8-11。

（3）文件修改

ethernetif.c 文件是无操作系统时网络接口函数，该文件在移植时只需修改相关头文件名，函数实现部分无需修改。该文件主要有 3 个函数：一个是 low_level_init，用于初始化 MAC 相关工作环境、初始化 DMA 描述符链表，并使能 MAC 和 DMA；一个是 low_level_output，它是最底层发送一帧数据函数；最后一个是 low_level_input，它是最底层接收一帧数据函数。

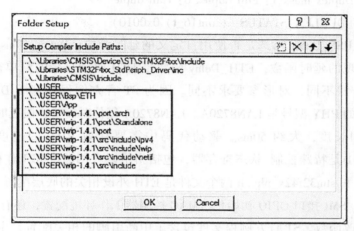

图 8-11　添加相关头文件路径

stm32f429_eth.c 和 stm32f429_eth.h 两个文件用于 ETH 驱动函数实现，它通过直接操作寄存器方式实现，这两个文件我们无需修改。stm32f429_eth_conf.h 文件包含了一些功能选项的宏定义，我们对部分内容进行了修改。

```
#ifdef USE_Delay
#include "Bsp/ systick/ bsp_SysTick. h"
#define _eth_delay_ Delay_10ms
#else
#define _eth_delay_ ETH_Delay
#endif
#ifdef USE_Delay
  /* LAN8742A Reset delay */
#define LAN8742A_RESET_DELAY ( (uint32_t) 0x00000005)
#else
/* LAN8742A Reset delay */
#define LAN8742A_RESET_DELAY ( (uint32_t) 0x00FFFFFF)
```

#endif 15

/ ＊ The LAN8742A PHY status register ＊/

/ ＊ PHY status register Offset ＊/

　　#define PHY_SR ((uint16_t) 0x001F)

/ ＊ PHY Speed mask 1：10Mb/ s 0：100Mb/ s ＊/

　　#define PHY_SPEED_STATUS ((uint16_t) 0x0004)

/ ＊ PHY Duplex mask 1：Full duplex 0：Half duplex ＊/

#define PHY_DUPLEX_STATUS ((uint16_t) 0x0010)

通过宏定义 USE_Delay 可选是否使用自定义的延时函数；Delay_10ms 函数是通过系统滴答定时器实现的延时函数；ETH_Delay 函数是 ETH 驱动自带的简单循环延时函数，延时函数实现方法不同，对形参要求不同。因为 ST 官方例程是基于 DP83848 型号的 PHY，而开发板的 PHY 型号是 LAN8720A。LAN8720A 复位时需要一段延时时间，这里需要定义延时时间长度，大约 50ms。驱动代码中需要获取 PHY 的速度和工作模式，LAN8720A 的 R31 是特殊控制/状态寄存器，包括指示以太网速度和工作模式的状态位。stm32f42x_phy. c 和 stm32f42x_phy. h 两个文件是 ETH 外设相关的底层配置，包括 RMII 接口 GPIO 初始化、SMI 接口 GPIO 初始化、MAC 控制器工作环境配置，还有一些 PHY 的状态获取和控制修改函数。ST 官方例程文件包含了中断引脚的相关配置，主要用于指示接收到以太网帧，我们这里不需要使用，采用无限轮询方法检测接收状态。stm32f42x_phy. h 文件存放相关宏定义，包含 RMII 和 SMI 引脚信息等宏定义。其中要特别说明的有一个宏，它定义了 PHY 地址：ETHERNET_PHY_ADDRESS，这里根据硬件设计设置为 0x00，这在 SMI 通信是非常重要的。

STM32f42x 控制器支持 MII 和 RMII 接口，通过程序控制使用 RMII 接口，同时需要使能 SYSYCFG 时钟，函数后部分就是接口 GPIO 初始化实现，这里我们还连接了 LAN8720A 的复位引脚，通过拉低一段时间让芯片硬件复位。

首先是使能 ETH 时钟，复位 ETH 配置。ETH_StructInit 函数用于初始化 ETH_InitTypeDef 结构体变量，会给每个成员赋予默认值。接下来就是根据需要配置 ETH_InitTypeDef 结构体变量，关于结构体各个成员意义已在"ETH 初始化结构体详解"一节作了分析。最后调用 ETH_Init 函数完成配置，ETH_Init 函数有两个形参，一个是 ETH_InitTypeDef 结构体变量指针，另一个是 PHY 地址。函数还有一个返回值，用于指示初始化配置是否成功。

GET_PHY_LINK_STATUS( )是定义获取 PHY 链路状态的宏，如果 PHY 连接正常那么整个宏定义为 1，如果不正常则为 0，它是通过 ETH_ReadPHYRegister 函数读取 PHY 的基本状态寄存器(PHY_BSR)并检测其 LinkStatus 位得到的。ETH_BSP_Config 函数分别调用

ETH_GPIO_Config 和 ETH_MACDMA_Config 函数完成 ETH 初始化配置，最后调用 GET_
PHY_LINK_STATUS( )来判断 PHY 状态，并保存在 EthStatus 变量中。ETH_BSP_Config 函
数一般在 main 函数中优先于 LwIP_Init 函数调用。

ETH_CheckLinkStatus 函数用于获取 PHY 状态，实际上也是通过宏定义 GET_PHY_
LINK_STATUS( )获取得到的，函数还根据 PHY 状态通知 LwIP 当前链路状态，gnetif 是一
个 netif 结构体类型变量，LwIP 定义了 netif 结构体类型，用于指示某一网卡相关信息，
LwIP 是支持多个网卡设备，使用时需要为每个网卡设备定义一个 netif 类型变量。无操作
系统时 ETH_CheckLinkStatus 函数被无限循环调用。

ETH_link_callback 函数被 LwIP 调用，当链路状态发生改变时该函数就被调用，用于
状态改变后处理相关事务。首先调用 netif_is_link_up 函数判断新状态是否是链路启动状
态，如果是启动状态就进入 if 语句，接下来会判断 ETH 是否被设置为自适应模式，如果
不是自适应模式需要使用 ETH_WritePHYRegister 函数使能 PHY 工作为自适应模式，然后
ETH_ReadPHYRegister 函数读取 PHY 相关寄存器，获取 PHY 当前支持的以太网速度和工
作模式，并保存到 ETH_InitStructure 结构体变量中。ETH_Start 函数用于使能 ETH 外设，
之后就是配置 ETH 的 IP 地址、子网掩码、网关，如果是定义了 DHCP(动态主机配置协
议)功能则启动 DHCP。最后就是调用 netif_set_up 函数在 LwIP 层次配置启动 ETH 功能。
如果检测到是链路关闭状态，调用 ETH_Stop 函数关闭 ETH，如果定义了 DHCP 功能则需
关闭 DHCP，最后调用 netif_set_down 函数在 LwIP 层次关闭 ETH 功能。以上对文件修改部
分更多涉及 ETH 硬件底层驱动，一些是 PHY 芯片驱动函数、一些是 ETH 外设与 LwIP 连
接函数。接下来要讲解的文件代码更多是与 LwIP 应用相关的。netconf.c 和 netconf.h 文件
用于存放 LwIP 配置相关代码。netcon.h 定义了相关宏。

USE_DHCP 宏用于定义是否使用 DHCP 功能，如果不定义该宏，直接使用静态的 IP
地址；如果定义该宏，则使用 DHCP 功能，获取动态的 IP 地址；这里有个需要注意的地
方，电脑是没办法提供 DHCP 服务功能的，路由器才有 DHCP 服务功能，当开发板不经
过路由器而是直连电脑时不能定义该宏。SERIAL_DEBUG 宏是定义是否使能串口定义相
关调试信息功能，一般选择使能，所以在 main 函数中需要添加串口初始化函数。接下来，
定义了远端 IP 和端口、MAC 地址、静态 IP 地址、子网掩码、网关相关宏，可以根据实
际情况修改。LAN8720A 仅支持 RMII 接口，根据硬件设计这里定义使用 RMII_MODE。

LwIP_Init 函数用于初始化 LwIP 协议栈，一般在 main 函数中调用。首先是内存相关
初始化，mem_init 函数是动态内存堆初始化，memp_init 函数是存储池初始化，LwIP 是实
现内存的高效利用，内部需要不同形式的内存管理模式。接下来为 ipaddr、netmask 和 gw
结构体变量赋值，设置本地 IP 地址、子网掩码和网关，如果使用 DHCP 功能直接赋值为
0 即可。netif_add 是以太网设备添加函数，即向 LwIP 协议栈申请添加一个网卡设备。函

数有 7 个形参：第 1 个为 netif 结构体类型变量指针，这里赋值为 gnetif 地址，该网卡设备属性就存放在 gnetif 变量中；第 2 个为 ip_addr 结构体类型变量指针，用于设置网卡 IP 地址；第 3 个 ip_addr 结构体类型变量指针，用于设置子网掩码；第 4 个为 ip_addr 结构体类型变量指针，用于设置网关；第 5 个为 void 变量，用户自定义字段，一般不用，直接赋值 NULL；第 6 个为 netif_init_fn 类型函数指针，用于指向网卡设备初始化函数，这里赋值为指向 ethernetif_init 函数，该函数在 ethernetif.c 文件中定义，初始化 LwIP 与 ETH 外设连接函数；最后一个参数为 netif_input_fn 类型函数指针，用于指向以太网帧接收函数，这里赋值为指向 ethernet_input 函数，该函数定义在 etharp.c 文件中。netif_set_default 函数用于设置指定网卡为默认的网络通信设备。在无硬件连接错误时，调用 ETH_BSP_Config（优先 LwIP_Init 函数被调用）时会将 EthStatus 变量对应的 ETH_LINK_FLAG 位使能，所以在 LwIP_INIT 函数中会执行 if 判断语句代码，置位网卡设备标志位以及运行 netif_set_up 函数启动网卡设备，否则执行 netif_set_down 函数停止网卡设备。最后，根据需要调用 netif_set_link_callback 函数，当链路状态发生改变时需要调用的回调函数配置。

　　LwIP_Pkt_Handle 函数用于从以太网存储器读取一个以太网帧，并将其发送给 LwIP，它在接收到以太网帧时被调用，它是直接调用 ethernetif_input 函数实现的，该函数定义在 ethernetif.c 文件中。

　　LwIP_Periodic_Handle 函数是一个必须被无限循环调用的 LwIP 支持函数，一般在 main 函数的无限循环中调用，主要功能是为 LwIP 各个模块提供时间并查询链路状态。该函数有一个形参，用于指示当前时间，单位为 ms。对于 TCP 功能，每 250ms 执行一次 tcp_tmr 函数；对于 ARP（地址解析协议），每 5s 执行一次 etharp_tmr 函数；对于链路状态检测，每 1s 执行一次 ETH_CheckLinkStatus 函数；对于 DHCP 功能，每 500ms 执行一次 dhcp_fine_tmr 函数，如果 DHCP 处于 DHCP_START 或 DHCP_WAIT_ADDRESS 状态，就执行 LwIP_DHCP_Process_Handle 函数；对于 DHCP 功能，还要每 60s 执行一次 dhcp_coarse_tmr 函数。

　　LwIP_DHCP_Process_Handle 函数用于执行 DHCP 功能，当 DHCP 状态为 DHCP_START 时，执行 dhcp_start 函数启动 DHCP 功能，LwIP 会向 DHCP 服务器申请分配 IP 请求，并进入等待分配状态。当 DHCP 状态为 DHCP_WAIT_ADDRESS 时，先判断 IP 地址是否为 0，如果不为 0 说明已经有 IP 地址，DHCP 功能已经完成可以停止它；如果 IP 地址总是为 0，就需要判断是否超过最大等待时间，并提示出错。lwipopts.h 文件存放一些宏定义，用于剪切 LwIP 功能，比如有无操作系统、内存空间分配、存储池分配、TCP 功能、DHCP 功能、UDP 功能选择等。这里使用与 ST 官方例程相同配置即可。LwIP 为使用者提供了两种应用程序接口（API 函数）来实现 TCP/IP 协议栈，一种是低水平、基于回调函数的 API，称为 RAWAPI，另外一种是高水平、连续的 API，称为 sequentialAPI。sequentialAPI 又有两种函数结构，一种是 Netconn，一种是 Socket，它与在电脑端使用的

BSD 标准的 SocketAPI 结构和原理是非常相似的。接下来我们使用 RAWAPI 实现一个简单的 TCP 通信测试，ST 官方提供相关的例程，我们对其内容稍作调整。代码内容存放在 tcp_echoclient. c 文件中。TCP 在各个层次处理过程见图 8-12。

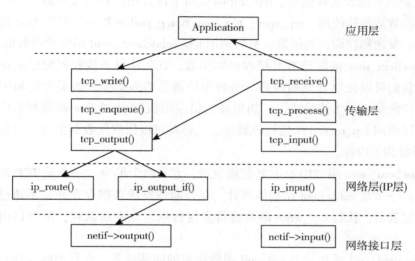

图 8-12 TCP 处理过程图

网络接口层的 netif->output 和 netif->input 是在 ethernetif. c 文件中实现的，网络层和传输层由 LwIP 协议栈实现，应用层代码就是用户使用 LwIP 函数实现网络功能。

tcp_echoclient_connect 函数用于创建 TCP 从设备并启动与 TCP 服务器连接。tcp_new 函数创建一个新 TCP 协议控制块，主要是必要的内存申请，返回一个未初始化的 TCP 协议控制块指针。如果返回值不为 0 就可以使用 tcp_connect 函数连接到 TCP 服务器。tcp_connect 函数用于 TCP 从设备连接至指定 IP 地址和端口的 TCP 服务器，它有 4 个形参：第 1 个为 TCP 协议控制块指针，第 2 个为服务器 IP 地址，第 3 个为服务器端口，第 4 个为函数指针，当连接正常建立时或连接错误时函数被调用，这里赋值 tcp_echoclient_connected 函数名。如果 tcp_new 返回值为 0 说明创建 TCP 协议控制块失败，调用 memp_free 函数释放相关内容。

echoclient 是自定义的一个结构体类型，包含了 TCP 从设备的状态、TCP 协议控制块指针和发送数据指针。tcp_echoclient_disconnect 函数用于断开 TCP 连接，通过调用 tcp_echoclient_connection_close 函数实现，它有两个形参：一个是 TCP 协议控制块，一个是 echoclient 类型指针。

tcp_echoclient_connected 函数作为 tcp_connect 函数设置的回调函数，在 TCP 建立连接时被调用，这里实现的功能是向 TCP 服务器发送一段数据。使用 mem_malloc 函数申请内存空间存放 echoclient 结构体类型数据，并赋值给 es 指针变量。如果内存申请失败调用

tcp_echoclient_connection_close 函数关闭 TCP 连接；确保内存申请成功后为 es 成员赋值，p_tx 成员是发送数据指针，这里使用 pbuf_alloc 函数向内存池申请存放发送数据的存储空间，即数据发送缓冲区。确保发送数据存储空间申请成功后使用 pbuf_take 函数将待发送数据 data 复制到数据发送存储器。tcp_arg 函数用于设置用户自定义参数，使得该参数可在相关回调函数被重新使用。tcp_recv、tcp_sent 和 tcp_poll 函数分别设置 TCP 协议控制块对应的接收、发送和轮询回调函数。最后调用 tcp_echoclient_send 函数发送数据。

tcp_echoclient_recv 函数是 TCP 接收回调函数，TCP 从设备接收到数据时该函数就被运行一次，我们可以提取数据帧内容。函数先检测是否为空帧，如果为空帧则关闭 TCP 连接，然后检测是否发生传输错误，如果发送错误则执行 pbuf_free 函数释放内存。检查无错误就可以调用 tcp_recved 函数接收数据，这样就可以提取接收到信息。最后调用 pbuf_free 函数释放相关内存。

tcp_echoclient_send 函数用于 TCP 数据发送，它有两个形参：一个是 TCP 协议控制块结构体指针；一个是 echoclient 结构体指针。在判断待发送数据存在并且不超过最大可用发送队列数据数后，执行 tcp_write 函数将待发送数据写入发送队列，由协议内核决定发送时机。

tcp_echoclient_poll 函数是由 tcp_poll 函数指定的回调函数，它每 500ms 执行一次，检测是否有待发送数据，如果有就执行 tcp_echoclient_send 函数发送数据。

tcp_echoclient_sent 函数是由 tcp_sent 函数指定的回调函数，当接收到远端设备发送应答信号时被调用，它实际是通过调用 tcp_echoclient_send 函数发送数据实现的。

LwIP_Periodic_Handle 函数执行 LwIP 需要周期性执行函数，该所以我们需要为该函数提高一个时间基准，这里使用 TIM3 产生这个基准，初始化配置 TIM3 每 10ms 中断一次，在其中断服务函数中递增 LocalTime 变量值。

首先是初始化 LED 指示灯、按键、调试串口、系统滴答定时器，TIM3_Config 函数配置 10ms 定时并启动定时器，ETH_BSP_Config 函数初始化 ETH 相关 GPIO、配置 MAC 和 DMA 并获取 PHY 状态，LwIP_Init 函数初始化 LwIP 协议栈。进入无限循环函数，不断检测按键状态，如果 KEY1 被按下则调用 tcp_echoclient_connect 函数启动 TCP 连接，如果 KEY2 被按下则调用 tcp_echoclient_disconnect 关闭 TCP 连接。ETH_CheckFrameReceived 函数用于检测是否接收到数据帧，如果接收到数据帧则调用 LwIP_Pkt_Handle 函数将数据帧从缓冲区传入 LwIP。LwIP_Periodic_Handle 函执行必须被周期调用的函数。

保证开发板相关硬件连接正确，用 USB 线连接开发板"USB 转串口"接口跟电脑，在电脑端打开串口调试助手并配置好相关参数；使用网线连接开发板网口跟路由器，这里要求电脑连接在同一个路由器上，之所以使用路由器是这样连接方便，电脑端无需更多操作步骤，并且路由器可以提供 DHCP 服务器功能，而电脑不行的；最后在电脑端打开网络调试助手软件，并设置相关参数，见图 8-13。调试助手的设置与 netconf.h 文件中相关宏定义是对应的，不同电脑设置情况可能不同。把编译好的程序下载到开发板。

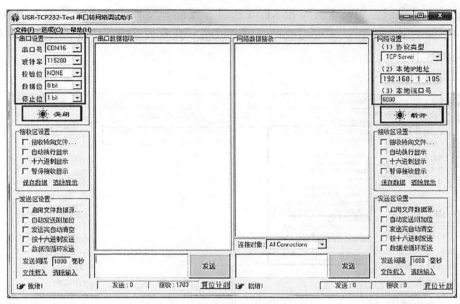

图 8-13 调试助手设置界面图

在系统硬件初始化时串口调试助手会打印相关提示信息，等待初始化完成后可打开电脑端 CMD 窗口，输入 ping 命令测试开发板链路，图 8-14 为链路正常情况。如果出现 ping 不同情况，检查网线连接。

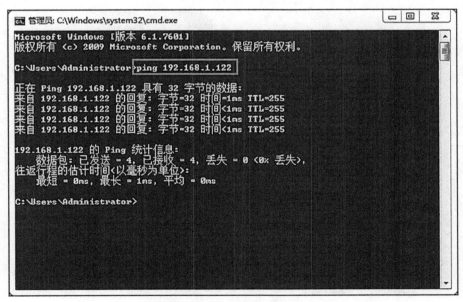

图 8-14 链路正常情况图

　　ping 状态正常后，可按下开发板 KEY1 按键，使能开发板连接电脑端的 TCP 服务器，之后就可以进行数据传输。需要接收传输时可以按下开发板 KEY2 按键，实际操作调试助手界面见图 8-15。

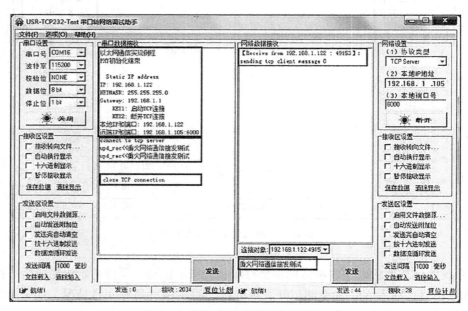

图 8-15　调试助手收发通信效果图

参 考 文 献

［1］ YIU J. The definitive guide to ARM Cortex-M3 and Cortex-M4 processors［M］. 3rd ed. Amsterdam：Elsevier，2014.

［2］ STMicroelectronics Ltd. STM32F3 and STM32F4 Series Cortex-M4 Programming Manual ［EB/OL］. ［2018-07-10］. http：//www. st. com.

［3］ ARM Ltd. Cortex-M4 Devices Generic User Guide［EB/OL］. ［2018-07-10］. http：// www. arm. com.

［4］ ST Microelectronics Ltd. ST M32F405×× ST M32F407××［EB/OL］. ［2018-07-10］. http：//www. st. com.

［5］ 张扬，等，精通 STM32F4(库函数版)［M］. 北京：北京航空航天大学出版社，2015.

［6］ 意法半导体有限公司 . STM32F4xx 中文参考手册［EB/OL］. ［2018-07-10］. http：//www. st. com.

［7］ 杨永杰，等 . 嵌入式系统原理及应用：基于 XScale 和 Windows CE 6.0［M］. 北京：北京航空航天大学出版社，2009.

［8］ 刘火良，杨森 . STM32 库开发实战指南：基于 STM32F4［M］. 北京：机械工业出版社，2017.

［9］ 刘火良，杨森 . STM32 库开发实战指南［M］. 北京：机械工业出版社，2013.

［10］ 彭刚，秦志强 . 基于 ARM Cortex-M3 的 STM32 系列嵌入式微控制器应用实践［M］. 北京：电子工业出版社，2011.

［11］ 沈红卫，任沙浦，朱敏杰，杨亦红，卢雪萍 . STM32 单片机应用与全案例实践［M］. 北京：电子工业出版社，2017.

［12］ 陈海红 . CAN 总线技术与嵌入式应用研究［M］. 呼和浩特：内蒙古科学技术出版社，2015.

［13］ 刘雯，姜铁增，陈炜，雷磊 . 基于 ARMCortex——M4 内核的物联网/嵌入式系统开发教程［M］. 中国水利水电出版社，2018.

［14］ 刘火良 杨森，LWIP 应用开发实战指南——基于 STM32［M］. 北京：机械工业出版社，2019.

［15］ 周云波串行通信技术——面向嵌入式系统开发［M］. 北京：电子工业出版社，2019.